中外可持续建筑丛书

荷兰可持续建筑实例
（1990~1999）

何建清　等译著

中国建筑工业出版社

图书在版编目（CIP）数据

荷兰可持续建筑实例（1990～1999）/ 何建清等译著 . —北京：中国建筑工业出版社，2010.6
（中外可持续建筑丛书）
ISBN 978-7-112-12087-1

Ⅰ. 荷… Ⅱ. 何… Ⅲ. ①建筑工程–无污染技术–案例–荷兰②建筑–节能–案例–荷兰 Ⅳ. ① TU–023 ② TU111.4

中国版本图书馆 CIP 数据核字（2010）第 087157 号

本书是《中外可持续建筑》丛书中的荷兰分册。作为国际可持续活动重要的参与者，荷兰自 1990 年起，无论是政府机构还是非政府组织，无论是企业还是个人，都开始积极参与环境的可持续发展、特别是建筑的可持续发展活动。

全书按篇章分为荷兰概况、荷兰可持续建筑概论、使用太阳能热水器的节能建筑、可持续建筑的供热制冷、国家可持续与低能耗建筑示范工程、可持续建筑优秀工程实例、参考文献等七个部分，较为系统地介绍了 20 世纪最后 10 年中，荷兰可持续建筑发展和实践的重要实录和信息。本书的译著者和顾问委员会成员，均是长期从事可持续建筑研究和实践的专业技术人员，所译著内容是参考多种语言文献资料后完成的，对于我国可持续建筑的研究和实践具有借鉴和指导意义。

* * *

责任编辑：杨　军
责任设计：李志立
责任校对：兰曼利

中外可持续建筑丛书
荷兰可持续建筑实例
（1990～1999）
何建清　等译著

*

中国建筑工业出版社出版、发行（北京西郊百万庄）
各地新华书店、建筑书店经销
北京嘉泰利德公司制版
北京中科印刷有限公司印刷

*

开本：889×1194 毫米　1/16　印张：9¾　字数：312 千字
2010 年 9 月第一版　2010 年 9 月第一次印刷
定价：**36.00** 元
ISBN 978-7-112-12087-1
（19353）

《中外可持续建筑丛书》总编

陈衍庆

《荷兰可持续建筑实例（1990～1999）》译著者

何建清　郑　军　王　岩　焦　燕　陈小明　常　静

《荷兰可持续建筑实例（1990～1999）》顾问

（荷）Li Hua, Huub von Frijtag Drabbe, Tjerk Reijenga, Lex Bosselaar, Albert van Pabst, Gerrit Jan Hoogland, Ger de Vries

（中）陈衍庆、刘燕辉、胡秀莲、张玉坤

序

中国近年来的飞速发展有目共睹。经济的惊人增长，伴随着财富的大量聚集和城镇化的快速发展，一些国际社会公认的能源和环境难题也在中国日益凸显。为此，发展可持续建筑将成为解决这些难题的有效途径之一。

《荷兰可持续建筑实例（1990～1999）》的出版是中荷两国在发展可持续建筑方面的成功合作与尝试。本书由国家住宅与居住环境工程技术研究中心、中国可持续发展研究会人居环境专业委员会与荷兰可持续发展创新局（SenterNovem）共同合作完成。

本书除了介绍荷兰可持续建筑发展的概况外，还收录了荷兰可持续建筑实践的最佳范例。荷兰1990年实施了"国家环境政策规划"，对荷兰的可持续发展起到了极大的激励作用，并成为荷兰现行可持续发展框架的动力之一。多年来，无论在政府还是非政府层面，中国和荷兰都有过密切的合作，并在可持续发展方面分享着各自的经验。中荷两国就开展双边合作的重要性早已达成共识，任何一方的经验都将对双方的合作发展带来益处。其中，一个典型的合作便是两年前在北京召开的、由双方专家共同参加的"中荷可持续建筑

Foreword

During the past years China has shown to be a rapidly developing country. Its amazing economic growth has a downside as well. Together with increasing wealth come migration and urbanization which causes internationally recognized problems as lack of energy resources and environmental issues. Sustainable building can be one of the solutions.

The publication 'Best Practices of Sustainable Building in the Netherlands (1990-1999)' is proof of successful co-operation between China the Netherlands on the topic of sustainable building. The China National Engineering Research Centre for Human Settlements, the Special Committee for Human Settlements under the Chinese Society for Sustainable Development and SenterNovem of the Netherlands were instrumental partners in this co-operation.

Besides an overview of the development that sustainable building has gone through, this publication lists successfully executed sustainable projects in the Netherlands. The Dutch National Environmental Policy Plan in 1990 was a great stimulus to sustainable development and one of the drivers to reach our current framework. For years, both on governmental as well as non-governmental level, China and the Netherlands have worked closely together and shared knowledge on sustainable development. Both countries acknowledge the importance of cooperation since learning from one another can benefit both parties. One of the occasions on which Dutch and Chinese experts came together was during the interactive meeting on

专家研讨会"；最近发生的一个具有里程碑意义的重要事件，便是由荷兰代尔夫特理工大学（TU Delft）牵头、中荷双方在深圳共同签署的有关生态城市的谅解备忘录。

　　中国政府在发展可持续建筑方面的作用是不可忽视的。政府可以通过建立长短期发展战略相结合的法律法规，与行业内的不同角色开展广泛合作，推动可持续建筑理念向更高水平发展。

　　全球可持续发展之路任重而道远，中国也不例外。相信不久的将来，借助于国际专家的努力，中国必将成为可持续发展的先行者。本书结集出版的即是荷兰可持续建筑实践的宝贵经验，期望能够对中国可持续建筑的深入发展提供借鉴。

sustainable building in Beijing two years ago. A more recent milestone is the signing of a Memorandum of Understanding, led by the Technical University of Delft, between Chinese and Dutch parties on eco-cities in Shenzhen.

The importance of government guidance for the development of sustainable building in China can not be overrated. Through both long and short term strategies, with clear legislation and regulations, and in co-operation with the various players in this sector, the government can bring the concept of sustainable building to a higher level.

Sustainable development still has a long journey to go in the world at large and also in China. In the future and with the help of international experts, China could fulfil a pioneering role. This publication offers invaluable insight how Dutch experiences could be relevant for China during that process.

荷兰王国驻华大使　　Rudolf Bekink,

裴靖康　　The Netherlands Ambassador to China

2010年7月2日　北京　　July 2, 2010　Beijing

目　　录

第 1 章　荷兰概况[①]

荷兰王国位于欧洲西部，北纬 51°～ 54°，属温带海洋阔叶林气候，冬季温和，夏季凉爽，全年降水量均匀。国土面积（包括海域、荷属安的列斯群岛和阿鲁巴岛）41526km²，人口 1600 万，人口密度 385 人 /km²。全国行政区划分为 12 个省（图 1-1），各省又划分为不同的城镇区域。

荷兰实行君主立宪政制，女王贝娅特丽克丝·威廉明娜·阿姆加德 (Beatrix Wilhelmina Armgard) 为国家最高元首，议会民主执政。荷兰首都设在阿姆斯特丹（图 1-2、1-3），政府所在地为海牙。

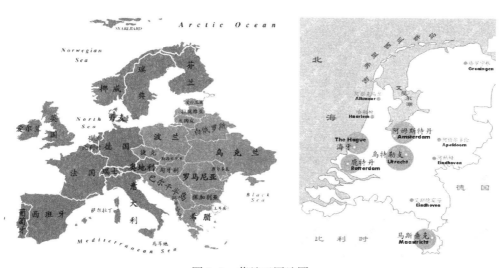

图 1-1　荷兰王国地图

来源：www.china5e.com/ chinab2w/world/Europe.htm，http://www.travelnews.com.cn/dinfo/new_images/map/002005-1.gif

图 1-2　阿姆斯特丹水坝广场

摄影：王岩 2002

图 1-3　位于阿姆斯特丹的凡高博物馆

摄影：王岩 2005

[①]　根据《简明不列颠百科全书》"荷兰"词条、荷兰王国驻华大使馆网站，以及荷兰国家可持续建筑中心主席、前住房空间规划环境部副部长 DICK TOMMEL 在上海 2004 年国际可持续建筑中国区会议上的讲话整理。

荷兰地处莱茵河、马斯河和斯凯尔特河形成的三角洲地区，东接德国，南与比利时接壤，西、北临北海，海岸线总长 1075km。全境地势低平，最高海拔高度仅为 321m，西部沿海为低地，濒海处有艾瑟尔湖，东部是波状平原，中部和东南部为高原；境内河流纵横，主要河流有莱茵河和马斯河。国土中有 38% 的地区低于海平面，靠堤坝、沙丘保护以免被海水和洪水淹没，全国有一半地区为带有人工排水设施的堤坝围垦地。"荷兰"在日耳曼语中叫尼德兰（the Netherlands），意为"低地之国"，即因此而得名。

荷兰人非常珍惜并竭力保护其有限的国土。为了生存和发展，荷兰人从 13 世纪起就开始修筑堤坝（图 1-4），拦截海水，并建起风动水车，排干围堰内积存的水。几百年来，荷兰人修筑的拦海堤坝总长已达 1800km，共增加国土面积 6000 多平方公里，如今荷兰国土中有 20% 是人工填海造出来的。在与海争地的漫长历史中，荷兰人民"事在人为"的民族性格得以充分展现，荷兰国徽上就镌刻着"坚持不懈"四个字。

图 1-4　荷兰大坝

摄影：王岩 2004

荷兰农业发达，是世界第三大农产品出口国。其中，养牛业、奶制品加工、鲜花（如郁金香）和蔬菜种植为传统支柱产业，大量出口到其他国家；粮食和饲料则主要依赖进口；渔业比重较小。荷兰农业生产使用的玻璃温室，面积达 1.1 亿平方米，约占欧洲总量的一半，花卉出口占国际花卉市场的 40% ~ 50%，享有"欧洲花园"的美称。同时，荷兰人利用不适于耕种的土地，因地制宜发展畜牧业，现已达人均一头牛、一头猪，跻身于世界畜牧业最发达国家的行列。此外，荷兰人在沙质土地上种植马铃薯，并发展薯类加工和种薯出口贸易，出口量占世界一半以上。

荷兰以其风车、木鞋、郁金香"三宝"而闻名世界。荷兰利用风能历史悠久，自古以来就是世界闻名的"风车之乡"（图 1-5），这与其优越的自然条件、不屈的民族精神和优秀的民族智慧是分不开的。荷兰位于北纬 50° 50′ ~ 北纬 53° 30′

图 1-5　荷兰风车

摄影：王岩 2002

之间，在全球大气环流所形成的风系中，正好处于西风带，常年盛行西风。由于荷兰国土的 60% 海拔低于 1 米，近 40% 的国土低于海平面，最高处海拔也仅300 米左右，是世界上有名的"低地之国"，所以来自大西洋的西风能够长驱直入内陆，全国风力资源极为丰富。木鞋同风车一样，是荷兰人在同大自然的搏斗中适应地理环境的产物（图 1-6）。缘于荷兰大部分国土海拔太低，欧洲许多大河经荷兰入海，又受全年湿润的温带海洋性气候影响，全国几乎一半的土地浸泡在水中，正是由于这样的条件，促使荷兰人在几百年前就发明了木鞋。郁金香是荷兰的国花（图 1-7、1-8）。荷兰人对郁金香情有独钟，生活中离不开郁金香。荷兰的郁金香等花卉已有 400 多年的培植历史了，每年都大量出口，是世界鲜花出口大国，每年销往世界各地的鲜花占世界市场的 60%，行销世界一百多个国家和地区。

　　除此之外，荷兰的建筑也是独具特色的，尤其是传统木屋（图 1-9）和乡村建筑（图 1-10、1-11）。

　　荷兰工业发达，主要工业部门有食品加工、石油化工、冶金、机械制造、电子、钢铁、造船、印刷、钻石加工等，欧洲最大的炼油中心位于鹿特丹（图 1-12）。荷兰近 20 年来重视发展空间、微电子、生物工程等高技术产业，传统工业主要是造船、冶金等，是世界主要造船国家之一。

图 1-6　荷兰穿着传统木鞋以抵御地面潮湿

摄影：王岩 2004

图 1-7　郁金香种植田

拍摄：王岩 2004

图 1-8　以郁金香为主题的
园艺是荷兰市民公园的一大
特色
拍摄：王岩 2004

图 1-9　荷兰传统木屋

摄影：王岩 2002

图 1-10　荷兰乡村

摄影：王岩 2003

图 1-11　普通住宅室内一角

摄影：王岩 2003

图 1-12　鹿特丹港口的储油设施

摄影：王岩 2003

荷兰自然资源相对贫乏，只有水资源和天然气资源丰富。其北部蕴藏着巨大的天然气田，是西欧最大的天然气产地。天然气储量除自给有余，还能出口。荷兰石油与天然气钻井公司同时在荷兰北海沿海地区和陆地作业，炼油厂和近海开采点的出现，促进了石油和天然气工业相关行业的发展，如 4 个大型钢铁建筑公司，并设计建造了所有的化工厂、炼油厂和近海开采设施，还有许多公司生产相应的专业设备。有几家荷兰研究机构，甚至拥有模拟近海开采的实验室。

荷兰是欧洲的天然门户，荷兰人善于利用地理优势，发展陆、海、空运输。由于地处莱茵河、马斯河和斯克尔特河三大河的入海口，河水经此注入北海，因而成为交通与物流的中枢。又由于先进的交通和通信等基础设施，因而成为许多跨国公司的总部所在地。目前，荷兰的客货运输量占欧盟运输市场总额的 30%，许多从亚洲和北美进口到欧洲的商品都要在荷兰的两大运输中心——鹿特丹和阿姆斯特丹（图 1-13）转运。其中，阿姆斯特丹斯希波尔机场则是欧洲第四大客货运输机场，鹿特丹港（图 1-14）则位于莱茵河与马斯河出海口，是世界第一大海港，也是西欧能源供应的命脉，每年有数千万吨的货物在这两大中心转运，大量的原油通过船运抵达而至，成为大型转运公司和炼油厂的基地，大量原油及石油产品经此直接运往德国和比利时的工业区。

图 1-13　阿姆斯特丹港口
摄影：王岩 2003

图 1-14　鹿特丹港口的全自动集装箱码头
摄影：王岩 2003

近年来，荷兰政府采取了一系列新战略措施，树立国人的环境意识，并采取具体行动，保护自然和环境，应对全球气候变化，特别是应对气温升高、降水增多后导致的海平面和高潮水位上涨问题。其中，在城市和乡村建造蓄水设施（图1-15、1-16）和管理系统是新策略的主旨。尽管蓄水设施会占用土地，但是所蓄雨水既可以在干旱季节灌溉使用，也可以作为蓄洪排涝系统使用，并能有效调节河水和海水的自然流动，保持荷兰国土的安全与干燥。

图 1-15　Haarlem 市内的河道　　　　图 1-16　荷兰乡村到处可见的蓄水池是国家防洪蓄洪体系中的重要组成部分
摄影：王岩 2005　　　　　　　　　　摄影：王岩 2003

荷兰政府购买了具有特殊自然价值的地区进行统一管理，并通过向非营利组织提供专项经费，使这些机构具体负责这些地区的管理和保护。目前，越来越多的农场主也签署了特别自然保护协议，承诺以可靠的方式管理他们的土地或者属于自然保护组织的土地。荷兰共拥有 19 个国家公园，涵盖面包括从 Biesbosch 水域到 Loonse 和 Drunense Duinen 地区的沙丘，其中历史最悠久的是 Hoge Veluwe 和 Veluwezoom 国家公园，而 Schiermonnikoog 公园的岛屿也颇值一提。1990 年，农业、自然和食品质量部公布了《自然政策计划》，启动了政府恢复自然的战略。其中的一项内容是建立连结各个自然保护区的国家生态网络，保证植物和动物的基本生存空间。政府的目标是到 2018 年把这个网络扩大到 7000km²。

和欧洲其他地方相比，荷兰由于人口密度较高、工业比重较大，加之汽车普及、农业实行集约化生产，特别是荷兰地处欧洲主要河流下游，上游的污染很容易给荷兰的环境造成极大伤害，因此荷兰在资源环境方面承受了比其他国家更多的压力。也正因为如此，荷兰采取了比其他大多数欧盟成员国更严格和彻底的保护措施，以有效控制环境污染，包括空气、水和土壤的污染，也包括噪声公害和温室效应。

过去 30 年中发生的两件大事，推动了荷兰全民环境问题的公开讨论。第一件是 1972 年联合国人居环境会议，第二件是 1987 年出版的世界环境与发展报告。20 世纪 80 年代起，废水处理、废物处置、废气净化系统、土壤净化和减少噪声危害等环境议题，相继被加速提上国家议事日程。而酸雨和地下水资源枯竭等问题，也在 20 世纪 80 年代后期被提上议程，气候变化和减少二氧化碳排放等问题，则成为 20 世纪 90 年代中期的热门话题。

荷兰政府早期的环境政策，是被动的和补救性质的。而现行的发布于 2001 年的第 4 个国家环境政策，是预防性和控制性的，目标是从资源（能源）综合利用和节约层面，将环境的可持续发展纳入社会发展与经济增长的和谐轨道。另外，政府还充分运用市场手段，如通过发放许可证、签订承诺书、和实施经济奖励（包括关税、税收和贸易权等），落实相关的行政法规，并根据特定的问题、具体的目标群体和形势，决定谁将获得优先权。这些措施与政府的职能转变，没有引起社会动荡，并且加强了社会问题的消化能力和解决能力。

现在，大多数荷兰人都会认真对待环境问题，并且愿意在节约能源、降低能耗等方面付出努力。荷兰农业也变得更具有生态意识，荷兰人均二氧化碳排放量在欧洲是最低的。荷兰人普遍接受了家庭垃圾分类回收的政策。他们在特定的地点分类回收玻璃、纸张、电池和颜料，并将有机垃圾和无机垃圾置于不同的回收箱中。

荷兰一直在寻求从欧盟内部和外部获得可持续发展的机会。2004 年 7 月 1 日，荷兰接管了欧盟轮值主席席位。现在，欧盟成员国数量已从 15 国增加到 25 国，新加入的国家主要是中欧和东欧国家，还会有更多国家在 2007 年或以后加入欧盟。荷兰在接受欧盟轮值主席的同时，也在利用这个机会将可持续发展的理念提高到一个更高的层面。

第2章 荷兰可持续建筑概论

2.1 缘起

荷兰语中，"可持续建筑"的缩写为 dubo（Duurzaam Bouwen）。在荷兰，可持续建筑的概念是这样被诠释的：一是采用环境友好型的建造方式；二是重视整个建造过程的环境保护；三是重视建筑拆除后建筑材料的循环利用。即将环境作为在整个建筑过程中的考量因素，使其贯穿于从原材料选择到建筑物拆除或再利用的各个环节。在这里，环境的概念一直延伸至公共卫生领域。可持续建筑的措施涉及以下5个方面：能耗、材料、水、室内环境和建成环境。荷兰的可持续建筑政策大多是由地方政府制定的，而且没有强制性。国家性的法律只涉及建筑能耗法定最高值等若干问题。

可持续建筑在荷兰是有传统的，这从荷兰众多的政策法规中就可见一斑。但是"可持续建筑"这一说法直到1989年才在一份名为《国家环境政策计划》的政府政策性文件中出现。建筑领域首次成为了荷兰政府环境政策的关注对象。从那时起，政界对可持续建筑的关注与日俱增。通过政策文件及政策性规划，政府鼓励在住宅及其他类型建筑的建造过程中采用可持续建筑做法，这些做法的影响后来日渐深远。本书提到的"可持续与低能耗建筑示范工程"是荷兰政府新近启动的一个项目，也是迄今为止同类项目中实用性最强、规模最大的一个项目。

2.1.1 早期的理想主义人士成为荷兰可持续建筑的先行者

荷兰最早的可持续建筑实践可以追溯到20世纪70年代初。当时还没有"可持续建筑"这一说法，一小部分理想派人士关注的是当时人们所称的"环境意识建筑"。这些先驱者力图建造符合生态学理念的房屋，他们认为，住宅不仅仅是住的地方，人们应当在人与自然和谐相处的大语境下理解住宅。当时最为流行的是那些能够彰显这一理念的措施，例如种植屋面（人们常常提到的屋顶上养羊的情况其实极少出现）和无水厕所等。

在进入了20世纪80年代后的很长一段时间中，建筑与环境的关系仍然只是一小部分理想主义者关注的问题，并没有引起政界人士和普通住宅消费者的兴趣。但节能却是一个例外，而且是唯一的例外。各种节能措施从一开始就得到了广大消费者的支持。不过，这与其说是出于理想主义的考虑，不如说是经济方面的因素在起主导作用，尤其是1973年石油危机的影响。人们似乎突然之间发现石油和天然气是需要谨慎对待的不可再生能源，于是开始越来越多地关注能源的节约利用。

按照人们当时的理解，"环境友好型建筑"其实等同于"低耗能建筑"。愿意在这方面进行探索的建筑师少之又少，1976年的市场也还没有做好迎接激进措施的准备。例如总部位于 Deventer 的 Kristensson 建筑公司为 Lelystad 市政厅新址提交的设计方案就遭到了拒绝。根据这个方案，市政厅大楼将通过在地下储存热能和冷气实现全年太阳能供暖。建筑师在这里已经超越了时代。当时大多数节能措施都着眼于改善住宅的保温隔热性能，消除一切可能导致热量损失的缝隙，以降低能耗和节约燃料开支。在 1980 年启动的 PREGO 方案（即"建成环境能源合理利用试点工程"）中政府开始为建筑节能措施提供补贴，标志着能源节约利用开始得到了认真的关注。在这一方案的推动下，人们设计和建造了一些低能耗建筑，例如 Raalte 水利主管部门办公楼（1980 年 Kristensson 公司设计师们的作品）和 Katwijk aan den Rijn 图书馆（1981 年 Guus Westgeest 公司设计师们的作品）。

2.1.2　20 世纪 90 年代荷兰兴起可持续建筑高潮

人们从 20 世纪 80 年代起开始逐渐意识到环保并不局限于节能。1987 年出版的国际性报告《我们共同的未来》首次明确指出了世界范围内的环境威胁，例如酸雨、臭氧空洞、温室效应、自然资源枯竭及越来越多的动物灭绝。一年之后一份名为《关注未来》的报告则将视线聚焦于荷兰。以这两份报告为出发点，后来又诞生了荷兰《国家环境政策计划》（1989 年 5 月）和荷兰《国家环境政策计划附加条款》（1990 年 6 月）。这些规划就开创可持续发展提出了政府环境政策的框架，建筑对环境的危害首次被纳入了考量范畴。《国家环境政策附加计划》特别收录了一个关于可持续建筑的附录，不仅关注建筑对环境的负面影响，还涉及建筑对公共卫生的不利影响。因此，能源的节约利用、建材选择和室内环境均出现在这个附加计划中。该规划还涉及了沙、碎石和黏土等固定储量原材料的使用、太阳能的利用及通过隔声、消除石棉和氡、改善燃烧装置等手段提高住宅室内环境质量。

这两个环境政策计划为可持续建筑理念的切实普及铺平了道路。但事实上进展十分有限。可持续建筑措施可能带来大量额外成本，而且替代性材料的采购也经常要面临很多的困难。此外，被当作替代性方案的可持续建筑，其形象令大多数业主难以认同。因此，可持续建筑经过很长的时间才走出书本，逐渐出现在建筑工地的现场。

20 世纪 90 年代初，潮流似乎出现了逆转。荷兰政府将推动可持续建筑作为一项工作职责，主要交由各城市的市政当局负责。可持续建筑的理念流行开来，第一个大型可持续建筑项目也于不久后上马。1993 年 9 月，荷兰 Beatrix 女王亲赴 Alphen aan den Rijn，出席 Ecolonia 住宅区的正式落成典礼。Ecolonia 住宅区内共有 101 座住宅，每 8 ～ 10 座成为一组，展示了当时所有可行的环保措施。20 世纪 80 年代小型项目中常见的那种老套的木墙、黏土地面和种植屋面已经不复存在。除了南墙上作为热缓冲区的巨大温室，Ecolonia 住宅区中的房子从外观上看并没有太多特别之处。然而，走进这些具有传统风格外观的住宅，就能发现各种在当时相当大胆的可持续建筑措施，例如太阳能锅炉、纤维砌块、灰沙砌块、高性能保温透明围护结构、水泥碎粒和低溶剂型涂料。

在很长一段时间里，Ecolonia 住宅区一直执荷兰可持续建筑之牛耳。不过，荷兰其他城市的大量同类项目也相当重要。可持续建筑的理念和做法正是通过这样的项目在荷兰得到了广泛传播，人们也在不断地拓展可持续建筑的理念。除了对节能及原材料的关注，人们还越来越认识到健康室内环境的重要性。此外，废物减量及饮用水节约利用亦收效显著。

2.1.3　从多种渠道入手突破可持续建筑瓶颈

但这无论如何还是不够的。各城市开展的可持续建筑项目在主流中的份额非常小。1995 年，来自荷兰住房、空间规划和环境部分管环境事务的时任荷兰国务卿 Dick Tommel 先生在《可持续建筑行动计划》中提出时机已经成熟，突破即将出现。Dick Tommel 先生写道，可持续建筑即将从先锋变成主流，在建筑业中普及开来。不久后出台的第三个能源政策性文件则提出，荷兰应大幅降低能耗。建筑界也准备为降低能耗做出自己的贡献。本书记述的可持续与低能耗建筑示范工程就是在这两份政策性文件的背景下应运而生的。

示范工程的直接目标是通过实例展示当时最先进的可持续建筑技术。人们希望用几年的时间令示范工程中采用的各种措施融入主流建筑实践。总之，示范工程的初衷就是要藉此实现可持续建筑措施更大规模的应用。"眼见为实"正是示范工程背后的一个理念。

荷兰政府还制定了住宅的最高能耗限度，以 EPC（能效系数）作为建筑能耗的计量单位。1995 年 12 月，荷兰政府规定住宅的最大能效系数为 1.4。

此外，标准化是扩大可持续建筑措施应用规模的首要条件。可持续建筑理念是好的。但是政府究竟是如何阐释这一理念的呢？过去有过很多可持续措施的清单，这些清单内容构成各异，有的大胆，有的保守。1996 年制定的荷兰国家可持续建筑计划改变了这样的状况。该计划是一个活页式的开放体系，拥有一些补充性的内容。这个计划囊括了所有在可持续建筑领域可能采取的措施，并将这些措施分为固定措施与可变措施两大类。固定措施包括那些原则上无需增加很多成本就能实现的措施，可变措施则指那些由于资金原因或其他实际考虑不一定能采用的措施。这个国家计划是政界、建筑界集思广益的成果。计划第一部分中的各项措施针对的是新住宅建筑。而 1997 年出台的计划第二部分则专门针对可以在非住宅性建筑中采用的措施。这个国家计划为可持续与低能耗建筑示范工程在可持续建筑质量方面打下了重要基础。根据计划，提交的项目必须应用计划中的所有固定措施，并尽可能多地采用计划中的可变措施。

可持续与低能耗建筑示范工程非常成功。所有项目均按计划得以实施，而且可持续建筑平均质量很高是毋庸置疑的。能耗依然是首要的环境主题。平均能效系数远远低于法定最高限度。示范工程的成功还促使法定住宅能效系数的最高值从 1.4 降到了 1.0。在荷兰，可持续建筑不仅变得广为人知，而且成了现实可感的存在。当然，范例只是起指导性的作用，改进的空间永远存在。虽然低能耗采暖锅炉、用已实现稳定供给的可再生木材取代热带硬木等一系列措施已经成了实践中的标准，但可持续建筑措施在普通建筑实践中还不够根深蒂固。为此，荷兰政府计划继续向前推进。2000 ~ 2004 年可持续建筑政策性项目就计划在城市规划层面开展新的示范工程。

饮用水及干旱化

荷兰通常被认为是水资源丰富的国家，但土壤日益干旱还是成了一个严峻的环境问题。在过去几十年间，荷兰大部分地区的地下水位明显下降，原因包括大量提取地下水作为饮用水，农业中人为故意降低地下水位，及高效的泄洪排水系统。荷兰的建成环境密集，必然要求拥有高效的泄洪排水系统。但是建成区中半数降水直接进入下水道，为地下水回填带来了极大的困难。可持续水管理因此成了可持续建筑领域的一个重要主题。半封闭的地表和沼生植物生长之处可以被用来增加土地土壤排水。沼生植物能对废水进行生物性净化，经过处理的水既可以渗回土壤中也可以被二次利用。节约利用饮用水的方法显然也已经存在，为冲水式卫厕安装雨水收集系统就是其中之一。

2.1.4 可持续与低能耗建筑示范工程

由荷兰住房、空间规划及环境部与荷兰经济事务部联合推出的"可持续与低能耗建筑示范工程"项目旨在打造展示可持续建筑领域可能性的建筑范例，并展示若干年后可能成为标准做法的可持续建筑措施。这一综合项目由总部位于鹿特丹的 Steering 住宅试验集团和位于 Utrecht 及 Sittarrd 的荷兰能源环境署负责具体实施。除了其示范功能，工程还有利于普及可持续建筑。毕竟只有当可持续建筑项目达到一定规模，可持续建筑理念才能得到真正的普及，而示范工程恰恰提供了很多这样的大项目。可持续与低能耗建筑项目从 1996 年 5 月一直延续到 1999 年 12 月。在这期间，47 个工程（其中 31 个工程为住宅项目，16 个为非住宅项目）在严格监督下历经了从图纸阶段到完工的整个过程。根据最初的设计，所有工程均应达到荷兰国家可持续建筑计划中规定的最低标准，但实际上，大多数工程最后均达到了更高的水平。

"可持续与低能耗建筑示范工程"建成的 47 个示范项目，完整地展示了荷兰从可持续建筑概念的提出、到可持续建筑付诸实践的全过程，反映了荷兰可持续建筑所采用的技术标准、技术措施和创新手段。示范工程的住宅类项目，多为连排住宅的形式，建筑层数平均 2 层左右，既有廉租房，也有经济适用房和产权房，体现了荷兰住房的供应特点和居住方式特点，也展示了可持续建筑设计方法和技术的创新。示范工程的公建类项目，没有很大的体量和规模，既有新建项目，也有改造项目，但设计精心、到位，很好地诠释和发展了"健康建筑"的可持续建筑理念。

国家可持续与低能耗建筑示范工程

由国家住房、空间规划与环境部，经济事务部共同立项启动，主要目标：一是尝试多样化的可持续建筑实施方法和技术手段，二是通过示范工程提炼出可持续建筑的建设标准；三是实现可持续建筑在全国的跨越式普及应用。项目执行单位由位于鹿特丹的住宅实验指导委员会、位于乌德勒支和斯塔尔德的荷兰能源与环境总署联合组成，执行周期自 1996 年 5 月至 1999 年 12 月，共 3 年 8 个月。期间，有 47 个示范项目建成，其中住宅建设项目 31 个，其他类建设项目 16 个。这些项目从设计、策划，到建成、使用，均得到了主管机构的全程监测。项目的全部信息，被整理编辑成《国家可持续建筑汇编》。

可持续建筑主题
能耗
- 通过隔热等措施抑制对石油、天然气等固定储量原料的需求
- 利用太阳能、地热能等可持续能源
- 利用低耗能锅炉等高效能源利用装置
水
- 通过利用节水厕所、淋浴喷头等抑制对饮用水的需求
- 节约饮用水，多利用经过处理的废水和雨水
- 让雨水回归土壤，预防和缓解干旱化
材料
- 通过回收利用等降低对新材料的需求

- 利用木头等可再生资源
- 垃圾减量

室内环境

- 改善室内环境质量的手段如下：
  - 隔声密封装置
  - 通过改善采暖或通风来提高舒适度
  - 利用天然材料及低有害物质释放量的材料

周边环境

- 维护和改善建筑物所在地的自然环境

荷兰国家可持续与低能耗建筑示范工程一览表（仅收录 44 个项目）（原文）　表 2-1-1

编号	地点	名称	建成年代	建设类型
1	莱茵河畔的阿尔芬 Alphen a/d Rijn	经济适用和可持续住宅（B&D-woningen）	1996–1997	新建
2	阿姆斯福特 Amersfoort	太阳能住宅（solar）	1996，1998	新建
3	阿姆斯福特 Amersfoort	体育中心（Sportcentrum Nieuwland）	1999	新建
4	阿姆斯特丹 Amsterdam	市水务局地段更新（GWL-terrein）	1997	改造 / 新建
5	阿恩海姆 Arnhem	学校综合体（Rijkerswoerd）	1998	新建
6	阿克塞尔 Axel	社会保障住宅和产权住宅（De hoven van Axel）	1998–1999	新建
7	本内布鲁克 Bennebroek	学校建筑改为老年公寓（De Meerwijkhof）	1997	改造
8	布雷达 Breda	福利院（Westerwiek）	1999	新建
9	布恩尼科 Bunnik	生态办公楼（Eco-kantoor）	1996	新建
10	代尔夫特 Delft	住宅小区（Wippolder）	1999	改造
11	海牙 The Hague	居住办公综合体（De Waterspin）	1998	新建 / 改造
12	海牙 The Hague	独户产权住宅（Weerselostraat）	1998	再开发
13	海尔德尔 Den Helder	半独立式住宅（De Schooten）	1997	新建
14	杜亭舍姆 Doetinchem	产权住宅和公寓（Plaza Mediterra）	1999	新建
15	恩舍德 Enschede	带底层办公的住宅（Oikos）	1999	新建
16	古依斯 Goes	产权住宅（Ecosolar）	1999	新建
17	格罗宁根 Groningen	住宅小区（Waterland）	1999	新建
18	北格罗宁根 Noord-Groningen	独立式产权住宅（Kleine Kernen）	1999	新建
19	豪 Hall	度假村（The ABK Natuurvriendenhuis）	1996	新建
20	海尔伦 Heerlen	产权住宅（Carisven）	1999	新建
21	海尔伦 Heerlen	教职工宿舍（Hogeschool Limbrug）	1998	新建
22	黑鲁 Heiloo	住宅小区（Egelshoek）	1999	新建
23	海尔蒙德 Helmond	住宅小区（De Akkers）	1997	新建
24	里乌瓦尔登 Leeuwarden	高校教学楼（Van Hall Instituut）	1996	新建
25	雷登 Leiden	办公建筑（Hoogheemraadschap）	1999	新建
26	雷登 Leiden	幼儿园（Peuterpalet）	1999	新建
27	雷乌斯登 Leusden	办公建筑（Waterschap Vallei en Eem）	1998	新建
28	尼姆厄根 Nijmegen	多层社会住宅和低层产权住宅（Visveld-Oost）	1999	新建
29	佩伊 - 珀斯特西尔特 Pey-Posterholt	居住、办公、文化综合体（Rabobank）	1999	新建
30	鹿特丹 Rotterdam	办公建筑（Puntegale）	1999	改造
31	鹿特丹 Rotterdam	音像图书博物馆（Gemeentearchief）	1998	改造

续表

编号	地点	名称	建成年代	建设类型
32	索斯特 Soest	社会住宅和产权住宅（De Boerenstreek）	1997	新建
33	特尔内乌泽恩 Terneuzen	办公建筑（Kantoor Rijkswaterstaat）	2000	新建
34	蒂尔 Tiel	市属保健中心（GGD-kantoor）	1999	新建
35	提尔堡 Tilburg	办公建筑（Vekasteel）	1999	新建
36	乌德勒支 Utrecht	高校教学楼（Educatorium）	1997	新建
37	瓦尔肯堡 Valkenburg	住宅小区（Veldzicht）	2000	新建
38	韦恩南达尔 Veenendaal	联排住宅（De Gelderse Blom）	1997	新建
39	扎恩斯塔德 Zaanstad	高层住宅（De Brandaris）	1999	改造
40	泽伊斯特 Zeist	办公建筑（Triodos Bank）	1999	新建
41	泽腾 Zetten	产权住宅（Plan Sipman）	1998	新建
42	泽芬那尔 Zevenaar	大型福利院综合体（De Pelgromhof）	1999	新建／改造
43	聚特芬 Zutphen	住宅小区（De Enk）	1996	新建
44	兹沃勒 Zwolle	"果园"住宅（De Bongerd）	1997	新建

2.2　政策与模式

　　荷兰的国家可持续建筑计划包含了很多来自地方上的意见。这个计划的制订经历了漫长的磋商过程，与建筑业相关的机构几乎都参与了这个过程。荷兰政府除提供丰厚的激励性补贴，还制定了一系列旨在推动可持续建筑发展的法律法规。这些听起来似乎有些老套，但是荷兰的可持续建筑的确是"协商模式"的典型产物。在这个模式下，各方进行广泛的协商，"蜜（补贴）"掺"醋（法规）"往往就是这种协商的产物。

　　虽然协商模式令国家计划比较保守，但这种模式的优点在于，通过协商形成的国家计划更容易得到广泛的响应，计划中的各种可持续建筑措施也确实得到了各方的一致支持。虽然荷兰国家可持续建筑计划并无强制性，但是这个计划从20世纪90年代形成起至今已经收到了显著成效，大量环保措施成了主流的建筑做法。在国内成功的激励下，荷兰开始在国际上倡导逐步推进可持续建筑的发展。1991年，荷兰在海牙举办了联合国人居委员会（现联合国人居署的前身）高级会议。这次会议为1992年在巴西里约热内卢召开的联合国环境与发展大会做了准备。在1992年的大会上，人们首次就在全球范围内致力于促进环境的良性发展达成了共识。在这次会议之后，荷兰和丹麦还共同举办了一系列欧洲范围内的部长级会议。第一届部长级会议于1996年在丹麦哥本哈根召开，以信息交流为主要议题。1997年，第二届部长级会议在荷兰阿姆斯特丹召开，这是一次泛欧会议，会上达成了多项具体协议。这次会议还提议就制定欧洲可持续建筑计划的可行性进行研究，与会者对这个提议均表示赞同。现在，关于可持续建筑欧洲标准的研究正在进行当中。同荷兰国家计划类似，这个欧洲标准基本上是非强制性的，仅在很少的一些特例上具有强制性。

　　制定这个欧洲计划的倡议实际上体现了国际社会对荷兰模式的认可。荷兰住房、空间规划与环境部国际事务高级政策顾问 Huib van Eyk 先生说："虽然人们对荷兰的国家计划大为赞赏，但是至今还没有一个荷兰以外的国家制定了他们本国的可持续建筑计划。"Van Eyk 是上述欧洲会议的负责官员兼荷兰与会代表团的秘书长，他认为，"制定欧洲计划可以令建筑界相关组织都来关注目前的问题，并向各方提供一系列具体措施作为这些问题的解决方案。"

2.2.1　可持续建筑不能靠炒作

荷兰在政策层面可谓走在了前列。但是令一些专家开始担心的是，也许荷兰的口号多于行动了。这些专家认为，荷兰是一个讲究折衷的国家，努力的目标不过是赶上大部队的步伐。荷兰国家可持续建筑计划这一模式带来的结果便是如此。荷兰的可持续建筑政策不允许有落后者，但也令创新者感到昏昏欲睡、提不起兴致。该政策有一个很好的结构，荷兰政府的工作在这一点上值得肯定。"但是该政策的效果很容易令人对可持续建筑产生扭曲的印象，"荷兰行业杂志《可持续建筑》的主编安科·范·哈尔（Anke van Hal）女士说，"对于我们这样的小国家来说，我们的模式和示范项目已经很不少了。这令我们看起来很成功。但实际上，令可持续建筑成为主流仍将会是一个艰巨的过程。采用荷兰模式意味着走得最慢的人决定整个队伍的步伐。在这里，关于可持续建筑的讨论甚嚣尘上，但其实不少在别的国家未经大吹大擂已是标准做法的环保措施在荷兰仍然遥不可及。"

范·哈尔女士拥有一个工科硕士学位和一家咨询公司，最近她还获得了荷兰代尔夫特理工大学建筑系的博士学位。她曾经考察过住宅建筑领域环保创新的传播情况。她在博士论文中探讨的核心议题就是推广示范项目中的环保创新，令这些创新成为主流的建筑做法。通过文献回顾及对荷兰情况的实证研究，她梳理出了一些对于促成这一飞跃至关重要的因素。然后在对七个欧洲国家七个案例进行分析的基础上，她筛选出了最重要的几个因素。

早在 1997 年，她就曾经为上文提到的阿姆斯特丹第二次部长会议进行过一项关于 24 个欧洲国家的调查，以了解这些国家在新住宅建设项目中采取可持续建筑措施的情况。这些调查研究令她得以从国际化的视角审视荷兰的努力。在她看来，荷兰的表现不过是"中等"。"比如你会发现，德国在节能方面就做得更好。最近一项关于保温层厚度的调查显示，荷兰的分数低于欧洲平均水平。我们在节能方面的政策还是太过保守。我们的确遵守了国际会议上达成的协议，但我们绝不能因此而乐观。"

2.2.2　可持续建筑发展会遇到瓶颈

当范·哈尔博士列出荷兰国家政策成功背后的国内外重要因素时，她首先想到了哪些问题呢？"我通过研究发现，可持续建筑的成功实践总发生在那些政府积极发挥主导性作用的地方。而在比利时和意大利等政府放手不管的国家，可持续建筑的关注者就寥寥无几。我在考察荷兰时发现，荷兰的规则相当少，政府并不打算强制执行可持续建筑措施。我觉得这会带来一些不利影响。我的研究显示，只要制定出性能方面的要求，规章制度就能有效地得以推行。目标必须明确。如何实现目标则有待于各方共同决定。"

> 可持续建筑的成功实践总发生那些政府积极采取主导性姿态的地方。

> 至今还没有一个荷兰以外的国家制定了他们本国的可持续建筑计划。

"另一个瓶颈在于政府还不够高瞻远瞩，缺乏长远的规划。政府应当制定出一系列长期目标。斯堪的纳维亚国家在这一点上就走在了前面。以能效标准为例，20世纪90年代末，政府宣布将强化这方面的标准，然而直到2000年1月才真正实现了这一点。建筑界在刚刚获悉政府意向的时候，就立刻行动起来，开发了很多创新措施，实现了相当可观的能耗节约。然而当前的政策却忽视了这样一点：既然政府不大可能在近期进一步提高现有的能效标准，节能产品的供应商为什么还要费心在这方面加大研究力度呢？"

"第三个问题与信息传递有关。国家可持续建筑中心的工作做得很好，但总是缺乏项目评估所需的资金。知识转移是示范工程的重要内容。我唯一担心的是现有信息不能很好地满足信息使用者的需求。很多信息不过是精心编制、不切实际的空谈。为特定目标群体定制的清晰而具有指导意义的信息寥寥无几。其他国家有很多值得我们借鉴的地方。最近，一个新型节能住宅概念通过德国的'被动式太阳能住宅'项目成为了现实。丹麦也有不少值得效法的地方。在丹麦，可持续建筑项目有一个标准化的评估方法。这一评估方法的重要性再怎么强调也不为过。盖房子的只关注建造过程，一旦完工，他们就立刻消失。这为积累和保存技术和知识，以备日后开发采取新工艺时参考带来了很多的困难。这个问题非常普遍。盖房子的既不读也不写，只管盖房。"

令环保创新成功的重要因素

创新必须兼具多种特质。仅仅对环境有利并不足以吸引消费者。如果这些创新不仅有益于环保，还具有更强的舒适性、更便捷的操作性或更高的审美价值，就更容易受到欢迎。价格优势一直是最重要的因素。

变革推动者（促进创新的机构）必须为建筑过程中的各方提供实用的信息，即为目标群体定制能够满足他们需求的信息。

创新采纳者（例如建筑项目承包方）希望参考经过长时间实践检验的成功先例。

政府权威部门必须制定并认真贯彻常规建筑实践的相关法律法规。政府还应制定长期目标，并根据长期目标指导近期的工作。除了推动教育及研究工作，物质激励也非常重要。

——Anke van Hal博士的论文"超越示范工程——住宅建筑环保创新的传播"已由荷兰Aeneas to Best出版社出版。

2.3　实施

可持续建筑已进入实施阶段。在过去3年间，荷兰各地开展了与可持续建筑技术及能源节约利用相关的各种试验。围绕着自有住宅或出租住宅的建设计划，这些试验从学生公寓到老年人住宅无所不包，不论是大城镇还是小乡村都参与进来。31个示范工程向人们展示了采取大胆措施降低对环境影响并节约能源的巨大前景。

如今只有少数冥顽不化、愤世嫉俗的人才会将各种环保节能措施当作"回归自然的荒唐之举"而不予理睬。这种说法与20世纪70年代对环保节能措施的抨击如出一辙。当年的那些另类建筑游说者或许对以亚黏土为主要用途的灰泥、种植屋面和无水厕所太过热情了。当时的一些做法的确很有意义，但因为成本一直偏高，在环保上的实际作为上非常有限。相反，对环保的贡献更多的倒是良好的隔声热性能、双层（甚至三层）玻璃、太阳能锅炉和诸如厕所马桶上的节水按钮及节水淋浴喷头等简单的措施，而且正是这些措施在当今的住宅建筑领域被广为采纳，甚至成为大众眼中的标志性措施。在很大程度上，这还要归功于示范项目的成功。虽然建筑界竞争激烈，但消费者往往依然表示愿意接受可持续建筑技术带来的额外成本。而且，这已经成了一个日渐明显的趋势。这或许也是因为如今乐于消费且更具购买力的人群正日益壮大。很明显，潜在房主们的最大动机依然是在尽可能优越的地段购买或建造他们梦想中的房屋。但同时，质量也是人们越来越关注的问题。高质量的环保节能技术如果从长期看能降低成本，就会得到人们的更多青睐。

然而并非一切都已尽善尽美。可持续建筑的建造者对可持续建筑技术的潜力还远不够了解。荷兰格罗宁根省 ARTèS Architecten en Adviseurs（建筑顾问）公司的建筑师 Jan Giezen 先生就是这种观点的赞同者之一。作为一名可持续建筑顾问，他参与了包括荷兰北部 Groningen 省 Kleine Kernen 和 Waterland 项目在内的很多示范工程。他说："有些人明知他们的厨房或卫生间并没有太大的问题，仍然觉得花 25000 荷兰盾打造一个新厨房或新卫生间不算什么。他们其实往往并非十分关心投资效益。但这也意味着当有可能使用吊顶或双向开合回转门等节能措施时，他们可能会采取更为开放的态度。"

荷兰阿姆斯特丹的 Het Oosten 住宅公司参与了 2 个示范工程，该公司总经理 Frank Bijdendijk 先生认为，由于这些示范工程，住宅建设战略规划的必要性突然之间重新成为人们关注的问题。他说："我们应该将时间作为建筑过程中的一个因素，对其进行重新审视。""如果你已经准备好在开始时加大投资，用以改善可持续性和提高质量，从长远看来，这些投资会带来更低的投资成本、更长的折旧期和更低的使用成本"，Bijdendijk 先生解释道。他在撰写一本名为《可持续建筑的回报》（Duurzaamheid Loont）的小册子时，还用埃及的迟普（Cheop）金字塔做了一个类比："那座金字塔就是一个可持续建筑历经几个世纪依然能够保值的典型实例：没有贬值，没有对环境的危害，无需保养或拆除。"同理，没有一个神智正常的人会建议拆除阿姆斯特丹中心那些分布在运河沿岸的历史性建筑。"这些都已经是可持续建筑的教科书式案例了。"

有鉴于此，Bijdendijk 先生认为下一步应该让消费者更多地参与房子的建设过程。尽管示范工程中的住宅似乎对那些已经转变为可持续建筑拥笃的人群更具吸引力，越来越多的主流购房者却也已经做好了迎接低耗能环保住宅的准备。他认为，"我们应当让房子从整体上变得更有吸引力。毕竟，房子越吸引人，越容易被人们所欣赏。"赋予房子更多的功能就能增加房子的吸引力。更高、更宽敞且更坚固的房子可以被人们用于更多不同的用途。Bijdendijk 先生认为，"在这样的房子中，人们可以养育孩子、开展工作和颐养天年。换句话说，这种可以根据房主不同需求进行改造的房子，拥有更大的长期潜力。"而且，当现任房主无论出于何种原因搬出去的时候，人们可以轻松地对这些房子加以改造，令其适应新的用途。

建筑师 Jan Giezen 先生也非常赞同："我们必须让消费者有更多的机会参与创造他们自己的可持续住宅。Alphen 市 Ecolonia 项目的一个有趣之处是，新房主刚一入住就拆除了他们的厨房。符合可持续理念的开端不应该是这样的。或者说，在一开始其实并不需要为这些房子配备厨房。"他还认为，"绿色抵押贷款"（向可持续建筑消费者提供的专项低利率住宅贷款）是一个有利契机，可以增进人们对可持续建筑技术优越性的了解。

2.3.1　谁是行为主体

建筑界仍有不少改进的空间。可持续建筑的理念应该被更多的建筑师、承包商和房地产开发商融入日常工作中。Giezen 先生认为，建筑界对未来的展望仍然相当保守。一直以来，人们似乎习惯于将关注点局限在速度和成本方面，而很少关注可持续性。"虽然鼓励建筑界开拓视野是政府的一大任务，但地方权威部门在这方面往往态度模糊：一方面，他们对可持续建筑很感兴趣，但另一方面，他们希望尽可能提高建设速度并降低建设成本。"Giezen 先生认为，在这种情况下，"绿色抵押贷款"有助于标准的提高。他说："我们才刚刚起步，还有很长的路要走。事情已经有了一定的进展，但是目前国家计划的问题在于，这个计划会让人们把眼光放低。房屋建造者们总是说'我们已经在这么做了'。"在 Giezen 先生看来，让每位政府官员参加一个关于可持续建筑技术的课程绝对是个不错的主意。"毕竟，一般的政府官员对可持续建筑原则仍然知之甚少。现在我们在培训上投资，将来肯定会有回报。建筑师群体中也存在着类似的问题：他们往往认为可持续建筑意味着很多限制。"

Het Oosten 公司总经理 Frank Bijdendijk 先生认为开发商的问题更多。"人们只要看看投资者和住宅公司就会知道，那些人的思路已经在过去五十多年中陷入了荷兰旧加尔文主义道德的窠臼，认为凡事不应超出绝对必须的范围。"Bijdendijk 先生说，"问题不在于建筑方，而且很多建筑师真的对可持续建筑抱有热忱。"

Bijdendijk 先生在改造性项目中越来越多地实践可持续建筑的理念。不只是新建住宅可以得益于环保节能措施，再开发项目同样具有很大的节能空间，例如，旧横梁可以被再利用成为门窗边框。代尔夫特市的 Wippolder 示范工程由该市 Vestia 住宅公司负责。这个工程的项目经理 Peter Barendse 先生在回顾过往经验时提醒说，"但是也得注意要量力而为，不要过于大刀阔斧。"Wippolder 项目的所在地是一个建于 20 世纪 20 年代的住宅区，饱受洪水、从地面渗入墙壁的潮气和噪声的困扰。新项目决定拆除 140 座住宅，原址重建 80 座住宅；此外还有 200 座房子要进行大修。Barendse 先生的回收再利用理念得到了公司的支持，"我们尽可能将拆下来的东西作为原料用于原住宅区其余部分的改造。"

旧房子被拆除后，原先建筑物正面上的饰物被用于装点新房子的墙壁，屋顶瓦被重复利用，中央供暖系统和洗手池等状态依然不错，也被新房子沿用。旧房子的前门经过修缮被用作棚屋的门。粗石废砖碾碎后被加进新房子的水泥中。Barendse 遗憾地说，将旧房子的横梁木料再利用制作隔声顶棚及室内门框，是一个相当大胆的计划，但最后还是不了了之了。"原因就是那样做的造价太高，而且承包商认为物资配送方面也非常棘手。于是我们最后不得不采取常规的金属条吊顶。"回收旧木头横梁听起来不错，但是让老木头重新焕发生机还要考虑很多问题。比如，大多数木匠都特别担心木头中的钉子会损坏他们昂贵的锯。这就需要使用金属探测器，增加了不少成本。Barendse 先生计算了一下，将再利用考虑进去的拆除比直接简单拆除的成本要高 10%。"不仅负责拆除的承包商必须更加认真，而且你得意识到这样做会减少承包商的利润。"虽然那些大胆的设想并没能都得到实现，Barendse 先生依然坚信，示范工程至少扩大了可持续建筑在他那个机构中的影响。"而且对于一个负责着 3.5 万套住宅的组织来说，回收利用的环保好处相当多，而且到今年年底这些住宅更有望增加到 7 万套。"

2.3.2　创新之举

这些示范项目激动人心的地方不仅在于项目所展示的种种创新，还有各种将旧建筑再利用的方法。荷兰鹿特丹市名为"Puntegale"的建筑就是一个令人叹为观止的例子。这座建筑原来是鹿特丹市的旧税务局，经过改建变成了一座拥有201 间公寓的建筑。在第二次世界大战期间，欧洲中心的主要港口都在狂轰滥炸下被夷为平地。这个巨大的砖与水泥建筑则成为了二战后荷兰重建的一个标志。建筑的最上面几层是一些专门针对高端市场的豪华公寓。建筑的其他部分则新入住了一些商业机构。这里的办公区、工作间和练习室一应俱全，还配有计算机设施并提供秘书服务。这座建筑的外墙相当坚固，由 20cm 厚的砖和 20cm 厚的水泥构成，里面还有一个木构架的独立内墙。荷兰 Zaandam 市 Brandaris 示范工程安装了 760 多平方米的太阳能集热器，能为 384 个出租住宅供应热水。鹿特丹市税务局改造项目在设计时也考虑了太阳能的充分利用。在这个项目中，太阳能被用来为一个巨大容器内的水加热，能够提供整座建筑所需能量的 30%。

顾名思义，太阳能在荷兰南部小城 Goes 的"生态—太阳项目"中起着重要的作用。通过整合在屋顶结构中的太阳能板，这里的 16 座住宅既实现了被动太阳能利用，也实现了主动太阳能利用。建筑师 Renz Pijnenborgh 先生来自于位于荷兰 Den Bosch 的 Archi Service 公司，他说，"安装了太阳能集热器的房子往往因为屋顶上的铝条影响美观。但在这里，我们没有必要在太阳能集热管旁安装铝条了。而且当地的制造商就能为我们提供所需的太阳能板。""生态—太阳"项目还运用了散热墙（这种墙在荷兰语中有时被称为"令人想拥抱的墙"），这种墙以灰沙砖和陶瓷砖为部分原料，将太阳能作为一种低温热源。

备受好评的 Nieuwland 示范项目位于荷兰 Amersfoort 市，这个项目在太阳能利用方面走得更远。在这个项目中，100 多座住宅安装了光伏电池，电池产生的电能直接进入国家电网。主动太阳能项目往往被人们认为成本很高而不予采纳。然而在这个项目中，当地电力公司对太阳能的态度相当积极。

2.3.3　事实胜于雄辩

建筑师 Pijnenborgh 先生坚定地认为，按照可持续建筑理念建造的住宅应当采用太阳能，"太阳是我们唯一的希望"。他说："太阳能对于人居环境来说有百利而无一害。风涡轮噪声很大，因此只适于海边或远海。太阳能则促使人们建造密封性好、朝南的房屋，并安装温室、低温供暖系统及整合太阳能集热器。"此外，太阳能还有利于打造健康的室内环境。荷兰人相信"百闻不如一见"。示范工程则正好向人们展示了太阳能的巨大潜力。"

位于荷兰 Heerlen 的 Carisven 示范工程也利用了太阳能。Pijnenborgh 先生也参与了这个工程。多年来他一直是可持续建筑的坚定拥笃。与 Goes 小城的"生态—太阳"项目类似，这个示范工程中的 54 座房主自住住宅也安装了太阳能集热器，这些集热器被整合进住宅的墙面中，集热块的布局也符合最大化利用太阳能的要求。

水是这个示范工程中的另一个关键因素。Pijnenborgh 先生解释说："雨水从陶瓷屋顶瓦流下，通过排水槽，汇集在一个地下的桶内。"这个桶中的水被输送到外面的一个阀门，可以用来灌溉花园或洗车。所有直接降落在地面的雨水，都通过路面及其他半碎石铺面上布局精妙的浅渠（俗称"鼹鼠地洞"）被引导至土壤中。换言之，雨水不是经排水沟被导入市政污水系统，然后送到水处理厂，而是简单地在现有生境中（例如一个长满芦苇的池塘）进行自然处理。Pijnenborgh 先生认为，"不在池塘与项目区附近开放旷野间设置任何障碍"是地下水位下降导致缺水的最佳解决途径。不过令他觉得遗憾的是，至今还没有一个示范工程曾经好好地分析过节水措施的效果。他说："我发现如果用泵把雨水收集起来运进室内，供卫生间或洗衣机使用，这个泵所需的能量很可能会抵销节水的环境效益。很遗憾，荷兰能源与环境总署里也没有人想到这一点。将来我们需要更多的能源来制造清洁的饮用水。其实，如果能减少地表水的污染，我们可能会拥有更加美好的未来图景。"

在示范工程中，水也通过其他方式发挥着重要的作用。位于荷兰 Helmond 附近的 Mierlo-Hout 有一个名为 De Akkers 的示范项目，这个项目除建造了大约 340 座住宅，还复原了当地的一条溪流。Deurne 市的房地产开发商 Jac Coopmans 先生解释说，"在 20 世纪 60 年代一个大型土地整理计划中，这条溪流被改为运河。于是就出现了一条直而乏味的沟渠，而且这条沟渠很快就干涸了。"示范项目恢复了原有的曲折蜿蜒与流水潺潺，通过众多的沟渠将这条溪流与 Eindhoven 运河连在一起，并将项目区内的降雨导入了这条溪流。为了让沿岸的居民不会弄湿鞋底，溪流临近房屋的地方还修建了堤坝。新的溪流带来了一片沼泽区，众多的动物将这里的苇地当作了它们的栖息地。在对溪流周围区域的管理上，我们尽量避免过多的干预。"我们试图打造一条生态高速路"，Coopman 先生解释说，"换句话说，我们希望为动植物提供一个在各区域间快速迁徙的机会。"

2.3.4 保护自然和乡土人文景观

可持续建筑的另一个重要方面是自然景观和乡土人文景观的作用。当今的消费者越来越重视这一点。示范工程令市政规划者和景观建筑师们纷纷开始认同这样一个原则，即在新住宅区应尽可能利用现有植被，而不是简单地种上小树苗和一丛丛的矮树灌木。这个原则在荷兰东部 Zevenaar 的 De Pelgromhof 示范工程中被展现得尤为淋漓尽致。根据建筑计划，项目移动了当地 12 棵百年老树。项目不仅花了数千荷兰盾来挖掘和移动这些老树，还必须考虑那些不能移动的树木。为了保证老树的空间，一些地方的建筑线就被后移了。这也体现着新来者对老居民的尊重。负责这个项目的住宅公司的工程部主任 Gerben Loeters 先生说，"那座容纳了 46 间酒店式公寓的建筑物的外形就照顾了街边的 5 棵高大橡树。建筑物的正面在有树的地方向内凹进。"在他看来，必须保留这些城中心的老树是从一开始就非常明确的。老城墙附近有很多大型沙滩，还有橡树和酸橙树。Loeters 先生补充说："那里还有一棵美妙非凡的红假山毛榉和一棵十分特别的樱花树。"除了酒店式公寓，这片建筑内还有 168 个出租单元，专为 50 岁以上人士准备。Loeters 先生回忆时说："移动那些树太兴师动众，而且成本昂贵。"在这种情况下，砍掉老树种新树成本更低。但毕竟还是保留城中心有特色的老树好处更多。地方议会的补贴对这些老树的保存也起到了重要的作用。"地方议会也意识到保存老树是保存城市风貌的好办法。"这个项目的经验令 Loeters 先生认识到尽可能照顾现有自然景观的价值。"对城市边缘的开发计划来说更是如此。我们需要努力地保存和利用那些构成独特城市风貌的景观，而不能将与开发计划冲突的东西一概粗暴地夷为平地。"

抢眼的设计和明快的颜色被越来越多地运用在那些位于荷兰城镇和乡村边缘的新建筑上，这些建筑与城市中心或乡村中心附近的老房子形成了强烈的反差。

人们用"白霉"来形容这种建筑,它们在不知不觉间蔓延开来,将当地景观的整体和谐美感破坏殆尽。荷兰已然不多的乡村风光还在继续被日益蚕食。而令大多数田园景观消失的正是那些小城镇和乡村边缘的小型开发项目。Kleine Kernen 示范工程的所在地主要是荷兰北部 Groningen 省的 8 个小村庄,这个工程特别注意避免风格冲突的通病。为配合现有景观,靠近村子中心的建筑采用比较现代的设计方案,而在村子边缘采取传统的砖混结构。这些房子因为采用了普通的双跨双坡屋顶,看起来更贴近遍布乡间的谷仓和农舍。这一设计灵感来源于 Groningen 省 ARTèS Architecten en Adviseurs 公司的设计师们。该公司的建筑师 Jan Giezen 先生解释说:"我们的目标是努力创造与 Groningen 省北部地区景观风格相和谐的新建筑。" 村子边缘的建筑只用了红砖,这是 Groningen 省的特色材料。Giezm 先生说:"而且我们尽可能采用当地的基本房型。例如采取同样的屋顶高跨比。我们力图通过采用各种各样的温室等带来多样化的风格。我们采用的木框架技术对于实现这种多样性亦相当重要。新开发项目比老住宅项目更容易避免单调。新设计更适合被应用于可持续建筑上。"

2.4 公共建筑与健康

健康是建筑业的一个关键词,公共建筑似乎比居住建筑更重视这一点。令人舒心的工作环境会令雇员工作起来效率更高,并为他们所在的机构带来更多的利润。而"不健康"的工作环境则可能会导致人们都不愿见到的"致病建筑综合症",即头疼和注意力障碍等并发性不适症状。通风和采光不好往往会导致这些症状。一个更重要的病因则是员工无法对他们身边的工作区域进行有效调节和影响。

以往关于示范工程的宣传报道大多集中在 31 个住宅项目上。1997 年,荷兰时任住宅事务国务大臣 Dick Tommel 先生将 16 个非居住类建筑项目列入示范工程,这 16 个公共建筑示范工程既有办公楼,也有学校、体育中心和幼儿园,然而这一举措却未引起人们的广泛关注。银行、学校和办公楼适用的可持续建筑技术与建造或改建住宅公寓的技术往往存在着很大的差异。由于这些工程特别关注健康问题,很多项目都根据室内环境要求对建筑物进行了相应调整,例如通过中庭来实现密闭及通风。

对于很多示范工程的参与者来说,在办公楼设计中启用新风格的主要动力是突破如今越来越千篇一律的反射玻璃幕墙。E-Connection 公司总经理 Henk den Boon 先生就成功地做到了这一点。位于 Bunnik 的"生态办公楼"就是他的设计杰作。这座能容纳 60 多人的建筑中,除了他自己的可持续能源应用公司,还有一个建筑公司,一个生态水果贸易公司和一个成功的另类投资基金公司。这四家企业都愿意接受高于市价的租金。Den Boon 先生说:"这座建筑的基本租金比市场均价高 10%。"租户愿意使用大胆的节能节水措施,因为这些先期投资日后都会收到回报,而且他们还因此得到了打造'绿色'企业形象的机会。根据设计方案,这里的能耗和用水量应低于普通办公楼的 50%,而实际上也的确实现了这一点。这座生态办公楼的租金虽然每平方米高出 20 荷兰盾,但这部分已经通过前两年的使用收了回来,节能和节水措施带来的好处正好抵销了多出来的租金。数据显示,只要用户愿意采取节能节水措施,就有可能在非住宅性建筑中实现 1.0 的能效系数。这使得建筑法令中 1.9 的标准显得相当过时(最近这一标准被降到了 1.6)。生态办公楼的耗电量实际上也比普通的办公楼低 50%。但用户在节约天然气方面却并不像想象中的那样能有更多的作为。"我们没有那么多的电器，所以室内的热量排放并不多，"Den Boon 先生解释说，"在大多数普通办公楼中，每个备膳间都有不停发热的密封式锅炉，但在我们的办公楼中则没有一个这种电散热器。"

2.4.1　既有建筑更新

建造新楼并不是令办公建筑呈现崭新风貌的唯一途径。鹿特丹市立档案局就是一个很好的例子。该档案局位于一栋多层的旧停车场内。这种再利用方案显然有利于建材的回收利用。不过那些大胆的节能措施似乎很难应用在这个位于鹿特丹市的示范项目中。将档案局建在停车场听起来似乎不可思议，其实很容易理解。首先，作为当地一个每年有 3 万人次前来拜访的政府机构，这座档案局就应该坐落在市中心交通方便的地方。其次，存放档案应该避光并隔离外界空气。Croon Duurzaam 公司负责可持续建筑及可持续能源业务的项目经理 Martin Kleintunte 先生说："停车场对于设计建造一个'盒子中的盒子'来说正是上佳之地。最为脆弱的档案资料可以放在'盒子'的中心。""位于这座建筑物外围，即紧挨着暴露在日光下的建筑物外墙的地方是办公室、会议室和该局 75 名职工用餐的地方。停车场改建档案局的实际成本低于预计成本：新建一座面积为 15000m² 的办公大楼约需 6 千万荷兰盾，而停车场改建项目的成本只有这个的一半。此外，该项目还投资了 200 万荷兰盾用于可持续建筑措施。"

新档案局的屋顶是整个建筑的一个亮点。屋顶上铺设了 1840m² 的光伏电池。Kleintunte 先生不无骄傲地说："这是欧洲在单个房顶上安装的最大太阳能发电站。"在周末和晴朗的日子里，太阳能电池产生的富余电能都被输送到国家电网；阴天时，电力主干线则能弥补太阳能发电不足的部分。这座建筑能满足其自身 80% 的电力需求，且将来有望实现自给自足。太阳能屋顶与暖气 / 冷气储藏系统间还存在着一个复杂的关联机制。"太阳能板的最佳温度为 25℃，"Kleintunte 先生解释道，"一旦屋顶超过这个温度，我们就将热气提取并输送到地下 140m 深处的热源储存起来。"建筑物的另一侧，同样位于地下 140m 深处的地方还有一个冷源。Kleintunte 先生说："这样，我们在夏天就能用冷源中的冷气来降温，在冬天用热泵和换热器为室内取暖了。"这座建筑拥有两个独立的室内环境控制系统，而暖气 / 冷气储藏系统正是满足这两个系统截然不同需求的理想解决方案。

档案文件的储存要求气温恒定在 18℃，相对大气湿度保持在 50% 左右。现在停车场有一个 15km 的棚架。如果市立档案局将来再迁址的话，人们也能轻松地改变这座建筑的用途。为此，这座建筑内部采用了可移动的墙来分隔空间，而且在建筑内的各个独立区域，人们可以对地板下供暖和照明进行独立控制。

2.4.2　空间灵活利用

灵活性在其他很多示范项目中也是人们反复强调的因素。例如，在荷兰南部 Pey 的一个村子里有座建筑物看起来像一个新银行，但里面还有一些公寓和一个图书馆。在荷兰 Amersfoort 市的一个体育馆内，几个体育俱乐部在晚间开门迎客。而在白天，这个体育馆则被分成 3 个独立的体育馆，供当地学校使用。体育馆的附属建筑物内有一个幼儿园，孩子们在课余时间还可以去中庭的夹层玩耍。如果将来住在附近的学龄儿童开始减少，人们可以轻松地改造这里，为新的壁球场腾出空间。Arnhem 市郊 Rijkerswoerd 新住宅区内的小学也体现了建筑的灵活性。为防止一座综合建筑物在预期使用寿命结束前提早荒废，当地议会决定在这座建筑内容纳 3 个小学：国立小学、新教小学和天主教小学。在适当的时候，这 3 个小学可以随时合并。当地议会教育部门的 Han Norder 先生说："这 3 个学校还共用很多设施。"几个学校共用体育馆并不鲜见，但这里不同寻常的地方在于，几个学校还共用一个娱乐室。经过精心规划，这个娱乐室拥有灵活的分区，门的设置也能适应不同的安排。Norder 先生说："这令幼儿园也能与学校共用设施。"这样的安排同样适用于办公室。通过与办公室共用复印机等昂贵的办公器材，学校可以节约杂项开支。共用这座建筑还令这三所学校增强了相互间的合作。

这座综合建筑包括三栋楼。主楼面积为 2585m^2，内设 19 间教室，供 3 个学校使用。第二栋楼是一个体育馆。而最不寻常的是第三栋楼。这栋楼有 10 间教室，以 5 个"校舍"的形式出现。Norder 先生解释说："这些房子现在被用作教室，但是如果学龄儿童的数量在 10～15 年期间达到顶峰然后减少，我们可以很方便地将这些教室改为 5 个独立存在的居住空间。"其实在这个建筑的设计之初，就考虑到了未来作为住宅的可能性。Norder 先生继续说道："因为需要让这些教室从外面看起来像住宅，于是还安装了大窗户。这些房子之所以在将来能够用作住宅，还得益于特别的装饰、布线及污水管道铺设方式。"

用作体育馆的第二栋楼也是多功能建筑的典范之作。体育馆上方的一个房间出租给了一些当地的教堂，这些教堂在体育馆内举办他们的周末活动。来做礼拜的人并不会被铃声、篮球网和攀援架所干扰，因为这些东西都被巧妙地隐藏起来了。甚至连那些灰色地面上的白色细线也不是很明显。这个体育馆也可以作为杂物拍卖和戏剧演出的场所。这座建筑还有一个优点，那就是在体育馆或学校的其他地方都不会出现滞重、不新鲜的空气，没有汗臭味，也没有翻得脏兮兮的书。Norder 先生喜欢将这里描述成一个"健康"的学校建筑，认为先进的通风系统就令其称得上"健康"。在这个通风系统中，换热器能够利用废气中的能量将外面的新鲜空气加热。

2.4.3　新型木结构

医生兼 Riverenland 市立医疗中心主任 Frits Coumans 先生说："可持续建筑即健康建筑"。这座位于荷兰 Tiel 的机构在其新办公楼中采用了木框架结构。"我们不断探索增加自然采光的方法，尽可能多地采用木头、植物和自然通风。另外很重要的一点是，在这座建筑中，每个使用者都能控制他们自己四周的小环境。我们相信，这座建筑不大可能令人患上'致病建筑综合症'。"Coumans 先生也很关心建筑物对环境的长期影响。有节制地使用稀缺原材料和尽可能多地使用木头等可再生资源就能减少对环境的不利影响。当这样的建筑物在 100 年后完成了使命，人们能够很容易地将其拆除，并对大多数材料进行回收。根据设计方案，Tiel 卫生部门的这座新办公楼在原料的使用上就能实现很大的节约。等候室被压缩进两个中庭中，并不占用一个单独的楼层。"地板是在沙子上码砖。室内花园用雨水浇灌。我们保留了大多数原有的植物，也引进了新的植物。我们尽可能种植更多的本地植物。"供来访者停车的地方采用了半开放的铺地石，新建筑周围还挖了一些能储存雨水的水沟和 V 形浅沟。巧的是，这座建筑还拥有非常杰出的节能性，其能耗比法定要求低 30%。

Coumans 先生毫不担心项目的资金问题。他认为，虽然采用可持续建筑技术会产生每平方米 150 荷兰盾的额外成本，但是通过节约能耗，就有可能将这个成本抵消。先进的通风系统是这个建筑的一大特点。因为有了这个系统，这座建筑不再需要传统的空调。夏天的时候，从中庭（这里气压比较高）吹进办公室（这里气压比较低）的新鲜空气可以为建筑物内部的各个房间降温。这座建筑会呼吸。Coumans 先生说，"就像一个人不知不觉地在肋间肌肉微妙运动的带动下产生肺内压差，将空气吸进又呼出。"人在上坡时，要用嘴和鼻子喘气，那么这座建筑在类似的情况下又会怎么样呢？ Coumans 先生回答说，"当天气特别热的时候，我们用泵提取地下水，帮助来自外部的新鲜空气降温。"这座建筑在夏天和冬天共用一些附着在顶棚上的低温板，这些低温板在夏天配合冷却系统的运转，到了冬天则能够稳定地散热，配合热泵为建筑物供暖。换句话说，Tiels 市立医疗中心实际上拥有了"令人想拥抱的顶棚。"此外，一个吸湿热回收轮可以提取通风系统内空气的热量。

因为选择了木头作为办公楼的结构性材料，Coumans 先生不得不向很多人解释这一决定。"关于木头，人们有着各种各样先入为主的看法。有人说木头易于起火，很危险。有人则抱怨木头容易出现裂缝。还有人说木头会腐烂，用不了多久就会长满虫子。"Coumans 先生成功地回应了上述反对声音。例如，在火灾风险的问题上，其实木结构在大火中能比钢壳坚持更长时间，而钢壳倒会很快熔化。那么噪音呢？ Coumans 先生说，"这座建筑物底层的顶棚有一层用回收后再利用的织物和矿物纤维制成的隔音层，上面还覆盖着一层用无水石膏浇注的水泥。这样就带来了出众的隔声性能，同时还令人感觉如同走在富有弹性的表面。但是大量采用木框架的两层建筑有一个永远无法消除的缺点，"人人都知道，随着温度和湿度的变化，木头会扩张和收缩。而问题就在于，这种扩张和收缩并不是一个均衡的过程，于是建筑物中会不时传来一些巨响。但是请记住，我们都是正式的公务员，不时有声音让我们振作警醒也许并不是一件坏事。"

2.4.4　水资源优化

营造健康的室内环境是 Tiel 市立卫生部门新办公楼的设计重点，而节水则是很多与水相关的机构在设计新办公楼时的重要主题。位于荷兰 Leusden 的水利管理机构 Vallei en Eem 郑重地将其办公楼的设计理念概括为："我们的办公建筑反映我们的使命：与水为伴，保护环境。"

用建筑反映使命的最明显例子大概就算缓冲池了。在无风的日子里，缓冲池内水波不兴，这座新建筑物的两端就倒映在宁静的池水中。更有趣的是，这座建筑的一部分被水池三面围绕，这似乎是当前水管理趋势的一个隐喻：尊重水体的自然流向，减少通过水泵等手段进行人为干预。人们认为这样有利于提高农村地区的地下水位，缓解近年来严重的水枯竭问题。此外，这座建筑的横截面也很是令人遐思，看上去就像一股波浪正要奔向附近的运河。

除了纯建筑层面的特点，这座建筑物与水的关系还体现在一些更具实用性的特征上。例如，雨水被收集起来用于冲水式卫厕。在旱季可以用泵提取池水。池子还拥有自己的"沼生植物过滤器"——能够净化洗手池和厨房废水的湿地植物。卫厕废水则进入污水系统。但在设计这座建筑时，节水并不是唯一的重要因素。这座建筑的能效系数比法定要求低 26%。如此出色的节能性背后有两大原因：其一，这座建筑安装了两块光伏电池，能满足自身所需电能的 10%。其二，这座建筑并没有安装制冷系统。虽然如此，这里的员工在炎炎夏日依然会拥有舒适的室内工作环境。地面上的中空水泥板能够疏散室内的热空气。夜间开启的通风花格也能为这座建筑降温。

位于 Leiden 的 Rijnland 高级水利管理机构在新建办公楼时也积极寻求水资

源优化利用的方案。节水措施是这座建筑物的一个突出特色，例如雨水被收集和储存起来，用于冲水式卫厕。铜管的使用被尽可能地减少，大多数管子以聚乙烯为原材料。这种热塑材料易于回收，对环境的危害也小于铜。低温采暖系统与塑料管并存往往导致"军团病"的爆发，但是这座建筑的设计师能够确保这里不会出现这样的情况。虽然采用了密闭式锅炉来维持足够高的水温，但由于热水系统一律采用铜管，就有效地避免了"军团病"的出现。

2.4.5　化障碍为动力

Terneuzen 市政工程与水利管理总署的新办公楼是一座木框架建筑。这座建筑的设计和采用的可持续建筑技术都彰显着水利管理的主题。首先，这座三角形双层建筑墙上所覆盖的屋顶板是用废弃的栓船桩制成的。很多硬木系泊柱在吃水线以上的部分已经腐烂，但水下的 15m 部分历经多年依然状态良好。据试验显示，75% 的双柱苏木状态很好，可以被二次利用，且事先无需用浸渍剂进行喷涂或处理。旧堤上的玄武岩也在新房子的中庭挡土墙中重获新生。

这座建筑还采取了大胆的节能措施。Bouke van Rijnswou 先生来自一个负责管理政府建筑的国家级机构，他说："因为附近没有天然气主管道，我们决定使用热泵。"通常热泵提取的是地下水或室外空气中的热量，但在 Terneuzen 的这个建筑中，热泵提取的是运河表层水的热量，而且这些热量仅仅用了一小部分就满足了低温采暖系统的运转需要。Van Rijnswou 先生说："当水被加热到 50℃，就能为地板下供暖、石膏墙供暖及散热板提供所需的热量。"

运河水还被用于办公楼中的冲水式卫厕。废水则被排放到"沼生植物过滤器"。Van Rijnswou 先生说："废水经过处理变得相当干净，甚至可以被用作牲畜的饮用水。""但当地权威机关不允许我们将处理过的水排进运河。这真奇怪，这些水其实比运河水还要更干净！"建筑设计者们将当地权威部门的顽固视为一种挑战，虽然面对这种顽固他们难掩失望之情，但也只能自我排遣。现在，厕所废水经处理后只是简单地被送回到厕所里。"这里的厕所用水已经实际上降为零了。"

外墙上的电动通风格栅令办公楼内永远空气清新。当建筑物内部气压低于室外气压时，新鲜的空气就被吸进来，最后通过一个 7m 长的烟囱重新排放到大气中，这个烟囱的外观酷似海上汽船的烟囱。Van Rijnswou 先生解释说："格栅的散热片能够根据风的压力自行调整。"风越小，格栅就开得越大。冬季，格栅在非上班时间一直关闭，夏天则一直开启。建筑内的每个使用者还可以通过开窗或关闭暖气来自行调节身边的小环境。

"可持续办公室"的造价比用传统技术建造的普通办公楼高 10%。"市政工程与水利管理总署得到额外资金用于可持续建筑技术是情理之中的事，"Van Rijnswou 先生欣慰地说，"这个机构与环保的关系显然比财政部等机构与环保的关系更紧密。假如税务局新建办公楼，省钱肯定是降低能耗的主要动机。各个政府部门对可持续建筑的态度与他们的职能息息相关。"

2.5　影响

荷兰比中国早十几年开始接受可持续建筑的思想，中国开始关注可持续建筑仅有 5 年时间。荷兰各界在推进可持续建筑发展中所作的努力，对中国建筑界产生了深远影响。然而，中国近 10 年来处于城乡大批量建设时期，其产生的惯性，使得中国建筑界无法立即放缓建设速度，并对已经、正在和将要开展的建设工程，予以充分和深刻的反思。

可持续建筑在中国的实践，也会经历类似荷兰的各个发展阶段，并会遇到这样或那样的问题，有些问题还会与荷兰多年前遇到的问题极为相似。但是，可持续建筑在中国的知名度和受关注程度一直在增加，也是不容否认的事实。从利用互联网进行的网页检索以及近 5 年来中荷双方在可持续建筑领域合作开展的各项活动，可以明显看出可持续建筑对中荷建筑界的影响深。

2.5.1　从互联网看可持续建筑的影响

早在 2003 年 1 月，荷兰能源环境总署与国家住宅与居住环境工程技术研究中心在北京合作召开首届"中荷可持续建筑研讨会"，为此使用了中国常用的两大搜索引擎"雅虎"和"搜狐"对有关词条的搜索结果表明，当时了解"可持续建筑"的人寥寥无几，人们只对建筑节能有了一定认识，这与当时国际社会已经开始的"green building（绿色建筑）"的探索和实践形成了鲜明的对比（表 2-5-1）。

2003 年中国两大常用搜索引擎相关词条搜索结果比较 [1][2]　　　　表 2-5-1

英文词条	雅虎 www.yahoo.com		中文词条	搜狐 www.sohu.com	
	搜索结果（项）	数量排名		搜索结果（项）	数量排名
sustainable building	1460000	3	可持续建筑	75	4
green building	2890000	1	绿色建筑	2380	2
eco-building	1840	4	生态建筑	1372	3
Building energy efficiency	2100000	2	建筑节能	8764	1

注 1.　搜索时间 2003 年 1 月 23 日。

注 2.　yahoo 是多语言自定义搜索引擎，yahoo 对英文词条的搜索结果体现包含对应英文词条的所有英文网页。sohu 是中文引擎，sohu 对中文词条的搜索结果体现包含对应中文词条的所有简体和繁体中文网页。

然而 5 年之后，使用现时中国常用的两大搜索引擎对有关词条的搜索结果表明，"百度"网页中"可持续建筑"的数量已位居第一。从 2003 年"搜狐"的 75 项到 2008 年"百度"的 658 万项，激增了近 9 万倍，由此可以看出"可持续建筑"在中国产生的巨大影响。尽管在国际上"sustainable building"的影响暂时排在"green building"之后，但也从 2003 年"雅虎"的 146 万项增加到 2008 年"谷歌"的 1140 万项，扩大了近 10 倍，占"green building"的比例也由 50% 提高到了 72%（表 2-5-2）。即使在荷兰，"Duurzaam Bouwen（可持续建筑）"的影响也已经接近"Groen Bouwen（绿色建筑）"（表 2-5-3）。

2008 年中国两大常用搜索引擎相关词条搜索结果比较 [1][2]　　　　表 2-5-2

搜索词条	谷歌 www.google.com		搜索词条	百度 www.baidu.com	
	搜索结果（项）	数量排名		搜索结果（项）	数量排名
sustainable building	11400000	2	可持续建筑	6580000	1
eco-building	68400	4	生态建筑	2860000	3
green building	15800000	1	绿色建筑	2040000	4
building energy efficiency	1270000	3	建筑节能	3930000	2

注 1.　搜索时间 2008 年 3 月 4 日。

注 2.　google 是多语言自定义搜索引擎，google 对英文词条的搜索结果体现包含对应英文词条的所有英文网页，对中文词条的搜索结果体现包含对应中文词条的所有简体和繁体中文网页。Baidu 是中文搜索引擎，baidu 对中文词条的搜索结果体现包含对应中文词条的所有的简体和繁体中文网页，对英文词条的搜索结果仅体现包含对应英文词条的所有简体和繁体中文网页。

搜索词条	荷文词条（项）	数量排名
Duurzaam Bouwen	332000	2
Eco-Bouwen	2650	4
Groen bouwen	507000	1
Bouw energie rendement	197000	3

Google 引擎相关荷文词条搜索结果[1][2]　　表 2-5-3

注 1. 搜索时间 2008 年 3 月 4 日下午 13：40 ~ 13：45。

注 2. google 是多语言自定义搜索引擎，google 对荷文词条的搜索结果体现包含对应荷文词条的所有荷文网页。

2.5.2　从中荷双边合作看可持续建筑的影响

根据两国政府双边协议，2000 年后，荷兰政府对中国发展援助和合作的重点领域主要是"环境和能力建设"。而早在 2001 年起，中国有关机构即同荷兰能源与环境总署共同承担了联合国基金会"中国太阳能热水器行业发展项目（Improvement and Expansion of Solar Water Heating Technology in China）"的策划、启动和试点工程技术咨询工作。到 2002 年，中荷双方已从直接利益团体的双边接触开始，过渡到召开可持续建筑研讨会、设立部委级政府合作的可持续建筑示范项目、双边机构接触和互访等具体方面：

1) 2003 年 1 月，荷兰能源与环境总署（NOVEM）与中国可持续发展研究会人居环境专业委员会在北京合作召开首届"中荷可持续建筑研讨会"；

2) 2003 年 12 月，中荷在北京和云南召开两次"中荷可持续建筑研讨会"；

3) 2004 年 2 月，中国建设部与荷兰住房、空间规划与环境部签署了谅解备忘录，两部共同策划了中荷可持续建筑合作项目；

4) 2004 年 8 月，中国建筑学会建筑技术委员会与中国建筑工业出版社共同策划出版"中外可持续建筑系列丛书"。2008 年 3 月，中国可持续发展研究会人居环境专业委员会完成《荷兰可持续建筑（1990–1999）》的译著工作；

5) 2004 年 10 月，荷兰参加在上海举办的"2004 国际可持续建筑中国区会议"，并提交了中英文的论文集"荷兰专家在可持续建筑发展中的贡献"；

6) 2005 年 3 月，中荷可持续建筑合作项目启动，在中国建设 3 个住宅建筑、2 个公共建筑和 1 个绿色校园示范项目。项目通过引入荷兰可持续建筑实用的、系统的理论、技术、经验，在项目管理、示范工程、能力建设、信息扩散、产业方面进行合作；

7) 2006 年 6 月 ~ 2007 年 5 月，中国可再生能源学会太阳能建筑专委会与荷兰可持续能源咨询公司（ECOFYS）共同承担完成 REEEP 基金项目"促进中国低能耗建筑的发展研究（Promoting Low Energy Building Program in China）"；

8) 2007 年 7 月，"中荷建筑能效研讨会"在北京召开，由北京建工集团、北京市建筑工程研究院和荷兰国家科学研究院共同投资的北京建筑技术发展有限责任公司宣告成立；

9) 2007 年 12 月，荷兰创新与可持续发展局（SENTERNOVEM）委托中国发改委能源所和国家住宅与居住环境工程技术研究中心完成"可持续建筑发展在中国：问题与对策"的咨询报告。

2.6　异同

从世界各国特别是发达国家近20年经历的、在建筑可持续发展的意识形态、理论和实践方面的探索来看，可以得出一个清晰的路线图，即：从建筑节能抓起，由此推进到节水治污、节材并实现循环利用、减少占用耕地并改造和利用工矿废地、控制温室气体排放，使建筑成为"可持续建筑"。同时，还可以理出一个带有共性的实施步骤，即从新建项目抓起，由此推进到既有建筑改造、社区改造。

可持续建筑意味着通过更为综合的和广泛的渠道，实现绿色和生态的发展目标，同时采用一种综合的、而不是若干单项指标来对其发展和实现程度做出评价。相对于可持续建筑而言，绿色建筑主要是通过明确的四节一治（节能节水节地节材治污）的技术手段和产品，改变和限制原有不绿的建设方式；生态建筑主要是通过生态气候设计和减排的技术手段，抑制建设活动对建设场地原有生态环境的影响；节能建筑则主要是通过开源节流的技术手段，减少建设活动全寿命周期能源的消耗和浪费（图2-6-1）。

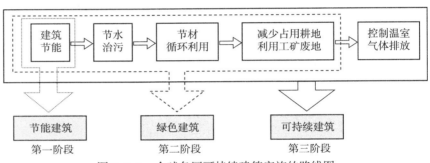

图2-6-1　全球各国可持续建筑实施的路线图

从各国的经验来看，实现建筑节能是推进可持续建筑的有效途径。建筑节能可以通过建筑围护结构节能、建筑采暖通风空调制冷系统节能、增加可再生能源在建筑能源供应系统中的比例等手段实现，并将单项控制指标提升为综合控制指标（图2-6-2）。

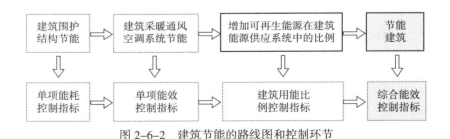

图2-6-2　建筑节能的路线图和控制环节

那么，什么样的建筑可以被认作是可持续建筑，可持续建筑应该用什么样的标准来评判和认证，抑或是可持续建筑设计和建造应该执行什么样的标准，这些均涉及一个关键的可持续建筑标准问题。同世界上其他发达国家相比，荷兰的标准和方法更为务实和理性，并且便于操作和实现。从以下各国的相关分析中，可以清楚地看到这一点。

2.6.1　英国的绿色建筑及其环境评价法（BREEAM）

英国在建筑可持续发展上采用的概念是绿色建筑。1990 年，为了对绿色建筑发展提供有效的指导，英国的建筑研究集团（BRE Group）同合作伙伴一起制定了环境评价法 BREEAM（Building Research Establishment Environmental Assessment Method）。现行版本包括《使用说明（BREEAM Bespoke）》《新建生态住宅（BREEAM EcoHomes）》《既有生态住宅改造（BREEAM EcoHomes XB）》《集合住宅（BREEAM Multi Residential）》《办公建筑（BREEAM Offices）》《学校（BREEAM Schools）》《零售商店（BREEAM Retail）》、《工业建筑（BREEAM Industrial）》、《法院（BREEAM Courts）》、《监狱（BREEAM Prisons）》、《国际版（BREEAM International）》等多个类别。BREEAM 评价结果分为通过、良好、优秀、优异 4 个等级（PASS, GOOD, VERY GOOD, EXCELLENT）。

以 2003 版《新建生态住宅》为例，BREEAM 的主要评价内容包括能源利用（图 2-6-3）、交通、环境污染、材料、水资源、场地利用与生态价值、健康舒适 7 个方面共计 26 项指标。

BREEAM 是目前全球可持续建筑评价方法中比较成功的一种。受其影响，加拿大和澳大利亚也推出了各自的 BREEAM 评价体系，香港特区政府也颁布了类似的 HK-BEAM 评价体系。自 1990 年首次实施以来，BREEAM 系统得到不断的完善和扩展，可操作性大大提高，基本适应了市场化的要求，至今已对英国及其他国家的多个公共建筑、住宅建筑以及工业建筑项目进行了评价。

2.6.2　美国的绿色建筑及其能源和环境设计优先计划（LEED）

美国在建筑可持续发展采用的名称是绿色建筑。1995 年，美国绿色建筑委员会（USGBC）为满足美国建筑市场对绿色建筑评定的要求，提高建筑环境和经济特性，提出了能源和环境设计优先计划（Leadership in Energy and Environmental Design）。2000 年 3 月，LEED 升级版 2.0 版更新发布。

LEED2.0 将可持续的建筑场地、有效利用水资源、能源与大气环境、材料与资源、室内环境质量和创新过程并列为绿色建筑必须考虑和评价的 6 大要素（图 2-6-4），共 6 个方面、采用 41 个单项指标对建筑项目进行评估，评估结果将建筑项目分为通过、银奖、金奖、白金 4 个等级。

LEED2.0 总体上是一套较为完善的评价体系，同英国和加拿大的评价体系相比，内容有所简化，结构简单且便于操作，但缺乏对各项权重平衡和总分的综合处理。

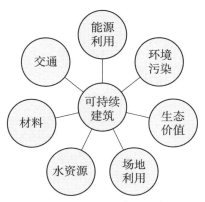

图 2-6-3　英国绿色建筑要素构成

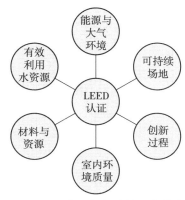

图 2-6-4　美国绿色建筑要素构成

2.6.3 法国高环境质量建筑及其认证体系（HQE）

法国 1994 年提出高环境质量建筑（Haute Qualité Environmentale）的概念，1996 年在环境部下设立专门协会，并对认证标识进行了注册。高环境质量建筑评估认证体系分为两个方面：

1）环境质量体系，评价建造过程对环境的影响。到 2006 年，这一部分的评价内容已从原来的 6 个单项指标，提升为城市可持续性中的 3 项基本指标，并附以 15 项具体指标。但是这部分的评价内容以定性指标为主，因此操作性差，目前尚未有成功的评价案例可供参考。

2）建筑环境性能，采用 14 项指标予以分解。其评估内容主要包括 4 个方面（图 2-6-5），即生态建设、生态管理、舒适度、健康，每个方面下设不同的要素和指标。HQE 建筑环境性能的认证范围包括：公共建筑（目前主要为学校和办公建筑）、居住建筑（多层和低层连排住宅、独户住宅），其认证为自愿认证。政府授权一个独立的机构进行认证，并对这个机构进行资质管理，对所有从业人员资质认定。认证分为规划、设计、施工 3 个阶段进行检查并发放临时证书。认证结果分为达标、良好、优秀 3 级。在 14 个基本指标中，当 7 项指标达标、4 项优良、3 项优秀时才能获得项目的达标证书，其中能效指标必须执行高标准。

法国开展高环境质量建筑认证多年，由于是自愿认证，受自由市场经济的影响和政府引导的缺位，至今的实施效果不佳，参与认证并取得通过证书的建筑项目很少。其作用更像是一套建筑可持续发展的设计指南，而不是一套简便易行的评价认证体系。

2.6.4 加拿大绿色建筑及其评价体系（GBC）

加拿大采用的也是绿色建筑的概念。2000 年 10 月，加拿大自然资源部（Natural Resources Canada）在荷兰马斯特里赫特的国际可持续建筑大会（International SB 2000）上首次发布了绿色建筑挑战（Green Building Challenge）评价方法，目的是对建筑从设计到竣工后的环境性能进行评价。

绿色建筑挑战采用定性和定量相结合的评价方法，其评价操作系统称为 GBTool，拥有多语言支撑系统，可兼容不同国家地区和建筑的特征，并配有各国家现行标准规范规定的即时更新数据库，现已由 2002 版升级至 GBTool 2005 版。其评价范围包括新建和既有建筑，可按照建筑场地选址、规划设计、施工竣工、使用更新的时间顺序进行分阶段评价，可用于办公、学校、医院、酒店、商场等

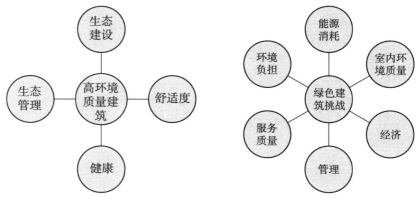

图 2-6-5　法国高环境质量建筑要素构成　　图 2-6-6　加拿大绿色建筑要素构成

公共建筑和集合住宅的评价。评价内容（图 2-6-6）分能源消耗、环境负担、室内环境质量、服务质量、经济、管理 6 个方面共计 31 项基本指标,评分范围在 –2 ~ 5 之间,其中：5 分为优秀,1~4 分表示不同级别,0 分为达标,–2~0 分为不达标。

绿色建筑挑战是一个由多国参与完成的评价体系,其目的是开发一套统一的评价因子,使绿色建筑性能评价和认证成拥有全球统一的标准和体系,并实现各国之间的信息共享与参照对比。绿色建筑挑战的出现使得 BREEAM 等体系也开始补充完善,使之具备国际化的评价平台。

2.6.5　荷兰可持续建筑及其 EPC 和 EPL 标准

荷兰对于可持续建筑必须涵盖的要素,有着不同于其他欧美国家的理解、判定与划分。荷兰将室内环境、室外环境、建筑材料、水、能源视为可持续建筑最为重要的评判内容（图 2-6-7）。荷兰政府的可持续建筑政策非常务实,其核心是立足于发挥地方政府的作用,原则是自愿参与,这就使得出台的政策能够便于操作和实施。国家层面可持续建筑政策的制订,则主要以单项法规为主,如限定建筑的最高能耗值。

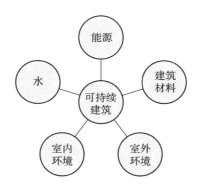

图 2-6-7　荷兰可持续建筑要素构成

荷兰通过注重实效的建筑法规,使住宅和公共建筑成为可持续建筑。荷兰政府认为,可持续性不只是中央政府的任务,也是地方和社区政府的责任。以地方性政策为主,国家只对某些关键指标（如能耗）作硬性规定,才能使建筑法规容易得到贯彻实施。为此,荷兰先后出台了两个尺度的国家能效标准,对可持续建筑的能耗予以限定。

1) 国家标准 EPN——《建筑节能标准（Energy Performance Standard ）》

荷兰建筑节能标准的适用范围是全部新建住宅和商业建筑。采用分步实施目标,逐步减少建筑能耗,并通过颁布配套标准如国家标准 NVN7250《太阳能系统 – 屋面和墙面整合设计安装：建筑篇 》等,为参与可持续建筑的各方提供多渠道的参照措施。

EPN 实施至今,经历了以下几个阶段：1995 年,EPN=1.65；1996 年,EPN<1.4；1998 年,EPN<1.2；2000 年,EPN<1.0；2005 年后,EPN<0.8。

2) 国家标准 EPL《新建社区能效标准（Energy Performance on Location ）》

对新建社区进行整体节能减排限定,也是荷兰率先进行的可持续发展行动。由于衡量社区可持续发展的因素众多且构成复杂,因此很难提出一个综合的并且客观合理的指标体系,用于评判。荷兰抓住了能耗这一最关键的节能减排指标,从一个最根本的指标反推,进而约束整个社区的可持续性,是非常实际和实用的做法。就中国目前房地产开发和建设的特点来看,这个评价指标体系和评价方法,尤为值得借鉴。只有从房地产开发项目申报伊始,即实施有效的管理,才能更有效地控制社区内每一栋单体的节能设计和节能效果。这部标准正在不断完善中。

2.7　小结

荷兰是世界上第一个实施国家级可持续建筑示范工程并采用标识制度的国家。荷兰政府注重分级决策、分步实施,在国家政策法规制定、项目设计和实施、运行管理监测等方面，做出了具有实效的成绩。

荷兰全国参与可持续建筑活动的各相关利益团体有一个共同的认识，即要想实现可持续发展，必须使政府的目标转化为地方政府、专业技术人员和消费者共同遵守的法规、实施细则、指导思想和指导方针，并且所有的法规和细则必须尽量简单，才能便于实施和操作。

在可持续建筑的发展和实践过程中，荷兰采取的发展策略归纳起来有以下八点：

1) 坚持财政、立法、各级沟通三位一体，缺一不可；

2) 整体思路是从政府指令措施过渡到社会必然需求；

3) 奉行自愿参与的原则，由政府牵头，以市场为导向；

4) 鼓励创新，对积极进行创新的机构和个人给予补贴，将创新内容纳入国家级示范项目；

5) 确保大多数从业群体和项目开发执行国家可持续建筑行动计划；

6) 督导持消极态度的从业群体遵守国家可持续建筑的基本规定；

7) 重视政府、承包商和供货商之间的合作；

8) 编制和出台相应的标准规范，但是标准规范必须切合实际，目的是先使建设项目达到最低要求，然后再通过标准的逐步提升，将可持续建筑推进到新的高度，也就是说要重视标准执行过程的监管。

第3章 使用太阳能热水系统的节能建筑

本章主要根据荷兰与能源环境总署（Novem）2000 年编辑出版的著作《使用太阳能热水系统的节能建筑》（Energiezuinig Bouwen met Zonneboilers，荷兰文由陈小明先生协助翻译）和《荷兰的家用太阳能热水系统》（Solar DHW systems in the Netherlands），以及国家经贸委 / 联合国基金会 United Nations RPFS 519 STH03030 项目报告《关于太阳能加热系统住宅一体化安装全球状况报告以及对中国市场的意义分析》（GLOBAL STATUS REPORT ON THE INTEGRATION OF SOLAR HEATING INTO RESIDENTIAL BUILDINGS AND IMPLICATIONS FOR THE CHINA MARKET）汇编而成。重点介绍了荷兰太阳能热水技术在建筑中，特别是在住宅建筑中的整合应用。荷兰在使用太阳能热水系统的节能建筑管理、能效评价和建筑设计等方面的政策法规、标准和方法等，有很多经验值得我们进行深入了解和借鉴。

3.1 荷兰太阳能热水器 / 系统的应用和发展概况

太阳能热水器 / 系统在荷兰的应用历史，可上溯到 1939 年（表 3-1-1）。而真正进入规模化和市场化的应用，是在 1991 年（图 3-1-1、3-1-2）。

荷兰太阳能热水系统发展大事记　　　　　　　　　　表 3-1-1

年代	事 件
1939	第一套 DIY 式的家用太阳能热水和采暖系统在 Enschede 市安装使用
1975	由 Nijmegen 市 Nijs&Vale 公司生产出第一台可投入市场的太阳能集热器
1976	国际太阳能学会（ISES）荷兰分会成立，第一任会长由 Jan Francken 教授担任
1977	国家太阳能研究项目（NOZ）启动
1979	荷兰可再生能源协会成立（ODE）
1983	荷兰太阳能工业协会成立
1988	节能和可再生能源支持计划，由荷兰经济事务部启动实施
1990	制定 1990 ~ 1994 年加强市场合作计划，2010 年发展到 30 万套太阳能热水系统
1991	以"为了环境更美好请使用太阳能"的家用太阳能热水系统（SDHW）推广活动启动
1992	PGEM（现为 NOUN）与 Apeldoorn 市达成协议，在 Woudhuis 开发项目中，为 1000 户家庭安装家用太阳能热水系统
1993	荷兰安装公司协会（VNI）下属太阳能商会 (BZE) 成立
1994	第一批"太阳能生活热水系统市场长期开发协议"签署
1995	在阿姆斯特丹市 Leiden 大学城，EWR 电力公司的太阳能生活热水系统发展项目（Actie Zonneboiler）实施，并取得巨大成功。
	受"Woudhuis"住宅项目的影响，Amersfoort 市 Nieuwland 开发项目，共安装了 1500 套太阳能生活热水系统和 1MW 的光伏系统
	Gouda 市被评为太阳能城市，第 10000 套家用太阳能热水系统投入使用
1996	Apeldoorn 市被评为太阳能城市
	Ijsselstein 市的 Zenderpark 开发项目，安装了 3000 套太阳能生活热水系统

续表

年代	事 件
1997	Stichting Promo Zonneboiler 在 Zoetermeer 市成立，以进一步扩大太阳能生活热水系统应用
	荷兰可再生能源项目署成立
	Ijsselstein 市被评为太阳能城市
1998	Heemstede 市被评为太阳能城市
1999	第二批"太阳能生活热水系统市场长期开发协议"签署
	Deventer 市被评为太阳能城市

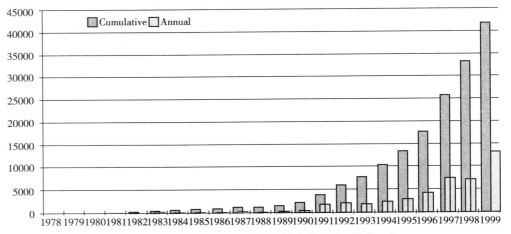

图 3-1-1　荷兰太阳能生活热水系统安装数量（单位：套）
图例：深色为安装总量，浅色为年安装量

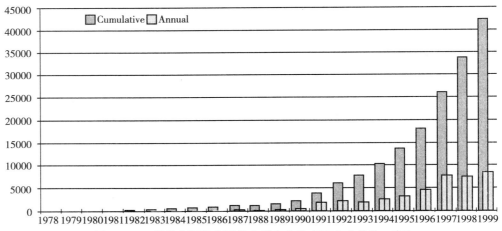

图 3-1-2　荷兰太阳能生活热水器企业生产能力（单位：套）
图例：深色为生产总量，浅色为年生产量

　　1994 年和 1999 年，"太阳能生活热水系统市场长期开发协议"的两次签署，为荷兰太阳能生活热水系统在市场中的扩大应用，奠定了基础。协议由荷兰政府经济事务部、住房·空间规划和环境部、多家太阳能生活热水系统生产企业、荷兰能源与环境署、EnergieNed、Holland Solar、Stichting Zonneboiler、荷兰安装公司协会，以及多家供电公司共同签署。目的之一是将太阳能作为生活热水热源，纳入国家能源分配和供应系统中去；其二是尽快形成独立运作的太阳能生活热水产品和系统市场，以保证政府 2010 年太阳能生活热水系统的销售总量达 40 万套的发展目标；其三是开发和建立在既有住宅中鼓励使用太阳能生活热水系统的机制。

在技术研发方面，参加国际能源机构第 20-26 号计划项目，为荷兰研发适于自己特点的技术，对技术进行改进，并将技术成果及时转向应用，提供了有利条件。在系统的改进方面，荷兰主要开发了适于在多层集合中应用的集中集热、分户蓄热供热的太阳能生活热水系统（图 3-1-3）。

由于荷兰的居住模式是以连排住宅为主，因此一直以来，占市场主要份额的是小规模分户式太阳能生活热水系统。1995 年后，市政热力公司和企业开始关注大规模太阳能集中生活热水技术和应用，$6m^2$ 以上太阳能生活热水系统太阳能集热器的安装量，1996 年超过 $2500m^2$，1997 年超过 $3000m^2$，1998 年达到 $4300m^2$，1999 年之后有所下降（图 3-1-4）。

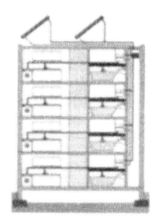

图 3-1-3　适于在多层集合住宅中应用的集中集热、分户蓄热供热的太阳能生活热水系统示意

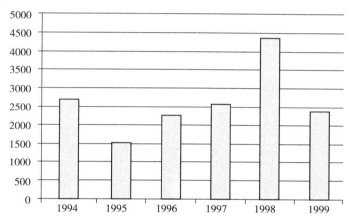

图 3-1-4　集热面积超过 $6m^2$ 的集中式太阳能生活热水系统年安装量（单位：m^2）

3.2　太阳能热水系统与节能建筑

在建筑中应用可持续能源，是荷兰可持续建筑的另一项重要内容。在可持续能源中，通过主动与被动的方式综合利用太阳能，是荷兰可持续建筑研究与设计的重要特点。而太阳能热水器或是由太阳能热水器构成的太阳能热水系统，又是可持续能源应用中优先考虑的、最受欢迎的、市场化的产品，其技术成熟度高，性能稳定、可靠。

在荷兰，用户可以购置到高质量的太阳能热水器 / 系统，其系统的可靠性能，已通过多项工程得到了证实。太阳能热水器 / 系统能够简便地融入建筑整体设计，所获得的太阳能热水，可有效降低建筑能耗指标，因此特别适用于住宅建筑，为家庭提供生活热水和部分采暖。可以说，太阳能热水器 / 系统作为标准化产品，适用于每一个具有条件的新建住宅。

荷兰将太阳能热水器应用和建筑节能结合在一起，并由专门机构编制出设计应用指南，明确地展示太阳能热水器在新建项目中应用的可能性，包括标准的太

阳能热水器产品和降低建筑能耗指标的专项计划，以及建造过程中如何有效应用
太阳能热水器的一切必要手段和技术措施、管理维护措施，以此指导并扩大太阳
能热水器的应用。

2003 年 7 月，荷兰政府发布了国家标准 NVN7250《太阳能系统 – 屋面和墙
面整体设计安装：建筑篇》。该标准规定了太阳能光热系统、太阳能光伏系统以
及安装太阳能设备的预制和标准构件等，在建筑屋面和墙面中的整体设计安装要
求以及系统性能测试方法，具体标准和要求包括：

- 风荷载和雪荷载设计要求；
- 防止内部结露的设计要求；
- 抗温差变形设计要求；
- 抗冻设计要求；
- 抗腐蚀设计要求；
- 消防设计要求；
- 隔声设计要求；
- 防雨、防雹、防潮设计要求；
- 保温隔热设计要求；
- 气密性设计要求。

3.2.1 市场发展战略

1994 年，政府、太阳能热水器行业、市政热力公司等机构，联合签署了一
份发展太阳能热水器市场的长期合作协议。由于对市场的影响不大，1999 年，
有关方面对该协议进行了修改并重新进行了签署。

3.2.2 建筑法规和技术质量标准

1) 新建筑节能标准（EPN）

荷兰所有新建住宅都必须达到一定的能效。建筑规范要求建筑能源设计使用
率必须低于某个水平，并按每单位建筑面积核定能源使用率。生活热水是能源用
量计算的一部分，显然，太阳能热水系统的使用有助于达到规定的能效标准。目
前（2000 年）的要求是，在不使用太阳能热水器的条件下，建筑设计仍能满足
相关建筑标准规范的要求。所有新建住宅都必须采用保温性能好的透明围护结构
材料和构造做法，并使用高效节能锅炉供热。到 2005 年，新建住宅能效将进一
步提高，更多的节能措施，如太阳能热水系统等，将对达到建筑节能标准的要求
起到重要作用。

2) 建筑规范

建筑规范对每座建筑都规定了若干要求。太阳能热水器 / 系统，必须满足其
中的部分要求，如消防安全、风荷载、水密性、防雷性能等。一项新的标准规范
规定了太阳能系统（光伏和热水）的全部要求。该标准的名称是："太阳能系统
的屋面和墙面一体化安装：主体结构部分"（NVN 7520)，该标准将以英文发表。

3) 水质标准

所有的饮用水设备必须符合国家标准 NEN 1006 的要求，该标准是以欧洲饮
用水条例为基础制定的。该标准要求热水必须以最低温度 60℃供应，以避免军
团病菌的污染。多层住宅采用的大型集中太阳能供热系统，需要进行风险分析，
以排除军团病菌在系统中滋生繁殖的可能性。

4) 产品质量标准

荷兰太阳能热水器市场采用质量合格认证制度。这种认证被称为"Zonnekeur"，但只适用于荷兰市场。太阳能生产厂的产品设备制造，必需满足产品质量标准的要求。质量合格证是非强制性的，但可作为行业宣传活动的一部分。据估计，荷兰也将在市场中采用"太阳能钥匙"标签制度，激励产品质量的提升。

5) 安装质量标准

对太阳能热水系统的安装工程，政府没有特殊的要求。安装公司行业协会制定了一项自愿的质量保证计划（即"KOMO-Install"标签）。该计划将扩展范围，以便将太阳能热水器包含其中。太阳能设备安装公司行业协会，会向安装公司提供一份核对清单。该清单规定水位和安装位置等进行检查，并须经过安装人员签字后，才能将太阳能热水系统交给用户使用。

6) 经济资助机制

自 1988 年起，太阳能热水器的购买者可获得补贴。多年来，补贴的比例和补贴的依据发生了一些变化。2003 年，根据荷兰的基准条件，一套最低输出功率为 3 GJ 的太阳能热水器的补贴为 700 欧元。补贴的多少基于动态系统试验（DST），它是标准 EN 12976 的一部分。荷兰参照条件详见 NPR 7976。大型系统的补贴为每平方米集热器 125 欧元。集热器应达到一定的最低性能。

补贴只针对家庭住户。商业用户可申请对其增值税进行减税。减税金额可达到投资的 18%。一些热力公司采取出让的方式，使用户可以购买太阳能热量，而热力公司只负责太阳能系统的维护。

7) 建筑一体化最佳应用

在荷兰，大多数系统都安装在屋面上，或采用一体化的设计手段安装在坡屋面上（图 3-2-1）。它们可以替代屋面瓦。这种解决方案从结构上看是非常合理的，但同时，太阳能集热器又破坏了建筑的水密性结构。因此，为避免漏水，必须对其进行合理的安装。在多层建筑的情况下，集热器一般安装在建筑的平屋顶上。

图 3-2-1 集热器在坡屋面上的安装效果

3.3 太阳能资源与太阳能热水器

荷兰每年接收的太阳能要比荷兰使用的太阳能多 40 ~ 50 倍，荷兰年太阳能辐照量约为 $1000kWh/m^2 \cdot$ 年。

可以通过两种方式来利用太阳能，即被动式和主动式（图 3-3-1、3-3-2）。被动式是指，通过建筑构造措施，如附加阳光间、设置玻璃阳台，使建筑被动受益。主动式是指，通过技术设备措施或者通过太阳能利用设施，将太阳能转换为其他能源形式，如：光热转换，将太阳能转变为热量或太阳热水，一个很好的例子就是太阳能热水器；光电转换（PV），将太阳能转变为电或太阳电力。

太阳能热水器是用于制备管道生活热水的设备，它通过太阳能集热器收集太阳辐照的能量，原理是使在集热器中循环的液体工质受到阳光的加热，热量被贮存到一个蓄热水箱内，如果水温下降，那么与之相连的加热器，通常是紧凑式锅炉，就会使它升温到相应的温度。此外，太阳能热水器还可以设计成住宅采暖系

图 3-3-1 左：兼有主动和被动太阳能利用的住宅；右：安装有太阳能光热和光伏系统的住宅

图 3-3-2 安装有太阳能光伏系统的住宅建筑

统，不过它的供热能力有限，即使在气密性良好的住宅内，也只能提供总热负荷百分之几的热量。供热能力主要取决于集热面积的大小（最小 4m²），这种系统非常适合于较低温度的升温。

太阳能热水器是一个高度发展的产品，它完全符合所有正规的标准，如电的安全性、消防安全以及饮用水的质量等。所以，太阳能热水器除了具有可持续性，还非常可靠。供水企业协会(VEWIN)为太阳能热水器制定了标准(标准名称 4.4.C "供热水设施—太阳能系统")，设有太阳能热水器的热水系统都必须按照这一标准来设置。

3.4 政府政策

2010 年在温室气体排放方面与 1990 年相比要减少 6%。

目前，建成环境消耗的能源总和为 1000PJ，约占荷兰能源总用量的 35%。在荷兰，温室气体排放总量中有 15% 是由于供热、制冷和制备管道生活热水所引起的。

荷兰政府制定了能源政策以实现减少温室气体排放量，在 2010 年生产和使用 10% 的可持续能源，其中一个重要的目标就是上文中提到的：2010 年，实现在荷兰安装 40 万套太阳能热水系统的计划。

为进一步加强能源政策，政府决定从 2000 年 1 月 1 日起，对新建住宅的能效指标（EPC）限制在 1.0 以内，估计今后还要进行进一步的严格限制。为能够达到 EPC 标准，对建造者来说，则面临着越来越大的挑战。可持续能源应用将因此变得更受欢迎。由于太阳能热水器 / 系统使用简便，并且能够达到 EPC 标准，因此成为实现这一目标的重要保证。

政府试图推动和调节太阳能热水器市场的其他重要方面，包括许可证政策和补贴（参见 3.10）。估计在即将生效的住宅法（2001 年 1 月 1 日）中，太阳能热水器将会成为不需要许可证的建筑设备，进入住宅的设计建造流程。

3.5 新建住宅项目策划

新住宅的建造过程大体分为 5 个阶段，即策划、设计、招标、销售和施工。在这些阶段中又可再细分为各个小的环节（表 3-5-1 和图 3-5-1）。

新建住宅建造过程	表 3-5-1
阶段分类	具体环节
策划	组织策划
	目标策划
	详细规划（包括能源基础设施）
设计	方案设计
	设计细化
	扩初设计
招标	施工图
	招标
销售	推介
	开始销售
施工	开始施工
	交付使用

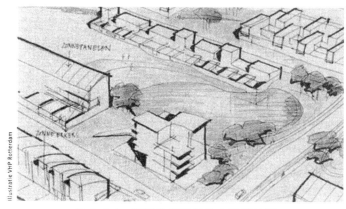

图 3-5-1　新建住宅项目的方案设计图

3.5.1　新建住宅的相关要素

为推进太阳能热水器在新建住宅中的应用,以下图表可以看出计划执行情况,同时还可说明,由谁来采取行动,在什么时候、在哪一个阶段可以采取这种行动,以便在新建住宅过程中，能快速有效地安装太阳能热水器/系统。该图表还可作为太阳能热水器/系统整合进住宅建造进程的查验清单。从总体上看,越早将太阳能热水器纳入整个项目策划,就越能有效地发挥太阳能热水器/系统在住宅建造过程中的应用(表 3-5-2)。

各阶段的进展、行动以及有关方面的作用													表 3-5-2
行动	行动相关团体	组织策划	目标策划	城建规划	方案设计	设计细化	扩初设计	施工图	招标	推介	开始销售	开始施工	交付使用
确定可持续能源政策	市政府/省政府	●	●	●	●	●							
要求/推动可持续建造	能源公司/市政府	●	●	●	●	●							
确定住宅使用对象	市政府/业主	●	●	●									
选择 EPC 一揽子计划	市政府/业主				●		●						
选择太阳能热水器型号	业主/建筑设计师				●	●	●	●	●				
整合设计	建筑设计师/业主				●	●	●	●					
补贴申请/处理	业主						●	●	●	●	●	●	●
小册子/制作宣传推介物品	建筑设计师/业主						●	●	●	●			
安装公司注意的重点	业主/安装商							●	●	●	●	●	
交付使用/施工验收	业主/厂家											●	●

1) 市政府、省政府

市政府在新的建筑项目中推广太阳能热水器方面起着重要作用,首先为此确定一个市政府的（持续性）能源政策是重要的前提,通过这项能源政策就在政治层面上为（国际）国内目标作出了贡献。例如实现政府的目标,到 2010 年,在新建建筑和现有建筑中要安装 40 万套太阳能热水器,具体来说,就是大约每 17 幢房子就有一个太阳能热水器。

市政府在实际操作中是有可能为在其管辖区内使用太阳能热水器创造框架条件的。可就以下一些政策领域进行商讨:

财政和土地事务：可以在土地发售时予以推动，对展示好的降低售价。

环保政策：在实现建筑地区水平目标方面可以包含减少 CO_2 或是地区能源消耗（EPL，见 3.6.3）。

空间设计：必须考虑到例如朝阳分地段问题。

建筑与居住：可以在建筑政策中提出比现行标准更低的能效指标（EPC，下同）要求。也可以致力于一个预期的持续能源份额制度，例如施行义务的太阳能热水器份额制度。

经济事务：这方面经常涉及的是能源基础设施方面的选择和招标政策。必须考虑到一个效果最佳的能源基础设施（OEI）。

在为一个地区选择能源基础设施时最重要的一点就是要考虑使用太阳能热水器的可能性，通过电和天然气的能源供应方式也可以使用太阳能热水器，但不考虑减少 CO_2 和费用效应，在集体性供暖方面人们往往没有兴趣使用太阳能热水器。

2）业主

在市政府政策或自己倡议推动下，业主可以决定使用太阳能热水器。实践表明，如果太阳能热水器是住宅建造标准的一个组成部分，买主一般都会很乐意接受。此外，使用太阳能热水器当然就是持续和节能建筑的一个显著证明。

3）建筑设计师

建筑设计师即使没有被授权，也可以在设计方案中选择太阳能热水器，无论如何，把住宅设计成现在和将来都能适于主动太阳能利用，是值得推荐的，这样，建筑设计师就可以在环保方面履行其社会责任。

4）未来的住户

未来的住户当然也可以表达使用太阳能热水器或者其他可持续能源产品的愿望，可惜迄今为止，住户对住宅方案设计的影响非常有限，不过，目前已经有改变的倾向。

5）能源公司

能源公司因其作为能源供应商及负责能源基础设施而起着重要作用。在能源市场自由化的情况下，他们必须进一步扩展服务范围，太阳能在这方面极具吸引力。

3.5.2　太阳能热水器的优势

用表格说明如下（表 3-5-3、表 3-5-4）：

太阳能热水器的技术经济优势　　　　　　　　　　　　　表 3-5-3

	市政府、省政府	业主	建筑设计师	住户	能源公司
应用太阳能热水器有助于达到所提出的 EPC 标准。按现在的计算方式，标准的太阳能热水器能降低 EPC 大约 0.1，带有集热器面积约 $5m^2$ 的太阳能热水器联合体则降低大约 0.2		●	●		
在建筑物和标准化产品中应用简便		●			
如果在住宅中按标准配置太阳能热水器，业主易于接受	●	●			
太阳能热水器不会影响住宅室内的空气交换		●	●	●	
使用太阳能热水器可以保持对住房最大限度的格局自由分布		●	●	●	
太阳能热水器为各利益团体树立了良好形象。太阳能热水器是太阳能的一种形式，它清楚醒目，闪烁着新潮现代化的光彩	●	●	●	●	●

续表

	市政府、省政府	业主	建筑设计师	住户	能源公司
太阳能热水器能使住宅增值		●		●	
太阳能热水器耐用。这种设备平均寿命 20 年，几乎就不需要维修，为能源需要而安装的费用在几年内就可以回收回来		●			
增加了舒适度。取决于太阳能热水器的型号		●		●	
节约能源费用。每年天然气使用在 100 ~ 200m³ 之间，如使用烘干机和洗衣机这类设备则更加节省		●		●	
太阳能热水器并不要求居住者人为改动。太阳能热水器恰恰是完全适合居住者行为的一个系统，即使人们使用比正常情况下更多的用水，太阳能热水器也仍然会照常工作，满足需求	●	●		●	

应用太阳能热水器在节能方面将获得的效益　　　　表 3-5-4

	市政府、省政府	业主	建筑设计师	住户	能源公司
绿色天然气。绿色电力在荷兰非常成功，有环保意识的客户每 kWh 仅需多花几分钱，即可购买他们的用电。从科学技术角度来说，这是一种环保的方式，例如通过风力发电机或太阳能电站来发电。太阳能热水器的好处是（在这种情况下指热能），可在自己的住宅屋顶上安装，并可以节约天然气	●	●	●		●
有利于环保。太阳能是一种清洁能源，现在和将来都能有助于保持干净的居住和生活环境	●	●	●		●
有关可持续能源的社会性参与。在实现国家和国际上旨在减少温室气体排放量的协议方面，我们所有人——不仅仅是（地方）当局——都承担有社会责任。使用太阳能就可以让我们表明，我们承担了这一责任	●	●	●		●
扩大产品及服务范围。例如：从矿物燃料转向可持续能源；出售绿色天然气；租赁太阳能热水器；在设计草案和建筑中提供使用标准化太阳能热水器的可能性		●	●		●
有利于客户之间联系纽带。对于有环保意识的客户，太阳能也可以成为客户间相互联系的纽带		●			●
有可能利益于财政补贴（参见4.10）		●			
新建住房使用太阳能热水器可以通过可持续能源得到 10% 甚至更多的所需要的热能量	●			●	●

3.6　策划阶段

为推动太阳能热水器在新建筑地区的应用，市政府可以对有关地区提出一些补充要求如：EPL、建筑方位朝南（图 3-6-1）、严格的 EPC 要求、使用太阳能热水器方面的某些义务等。此外，市政府还可以在补贴和宣传方面采取一些促进措施。能源公司可以通过提供补贴，财政资助和提供咨询来促进太阳能热水器的使用。

3.6.1　太阳能热水器的 EPC 一揽子计划

在制定 EPC 一揽子计划中，把一些有效的能效系数要求和源于天然气和电力网的能源基础设施作为其中一个出发点。另一点是不同朝向的不同房屋类型，西南和东南之间所有朝阳的房子原则上都适合安装太阳能热水器，朝北的住房其

图 3-6-1　居住区规划阶段进行建筑合理布局，获取好朝向

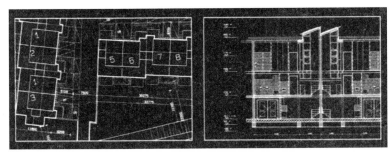

图 3-6-2 合理选择建筑朝向和形式将有助于太阳能热水器的应用

太阳能热水器当然是要安装在南面的屋顶或山墙。朝西或朝东的房子在利用太阳能方面基本建议不予考虑，除非它有平屋顶或采取了特殊措施（图 3-6-2）。

在 3.6.6 中，有 4 幅示意图，反映了各种能效系数值以及一揽子措施（图 3-6-6）。图 3-6-6a 显示了 EPC 为 1.0 时的费用计算结果，而 EPC 分别降至 0.9、0.8 和 0.7 时，其费用计算结果如图 3-6-6b、图 3-6-6c 和图 3-6-6d。计算所依据的价格水平，以 2000 年 1 月份为基准。

所附的图表，反映了建筑采暖和管道生活热水制备的供热负荷要求，这是根据能效系数计算方式算出的。管道生活热水的热源由两部分组成，一部分是天然气，以立方米为单位表示天然气用量；另一部分是可持续热源，是以住宅建筑自身的被动节能为出发点的，没有将太阳能热水器获得的热量计算进去。此外，还附带反映了在这一建设场地的 EPL。下文中还将提供一些背景情况。

3.6.2 能效系数

能效系数（EPC）的概念是在 1995 年引进的，一幢住宅的能效系数是这幢住宅能源效率的直接衡量标准，在这方面既要看建筑做法，也要看技术设备，EPC 就以一些数字来表明，EPC 越低，能源消耗就越低，人们怎样使一个建筑达到 EPC 的要求，就要交由各方在建筑进程中去进行，只要符合要求就行。从 2000 年 1 月 1 日起，住宅的 EPC 标准从 1.2 降低至 1.0，估计 EPC 在今后还会再进一步降低，这就意味着，有必要采取特别措施以达到这一要求。

3.6.3 小区能效系数

小区能效系数（EPL）表明了整个小区建设场地的能源效率，它以 0 ~ 10 之间的数字来评价。如果没有温室气体排放，那么 EPL 值就是 10。对于 EPL 值来说，决定性的因素是与建筑紧密联系的能源需求，另一个决定性因素是所选择的能源转换技术，以及可持续能源的投入，一个有着天然气和电力网且其 EPC 为 1.0 的住宅，其 EPL 值为 6.0。EPL 目前还没有法律标准要求。

3.6.4 示范住宅

为使满足 EPC 要求的各种技术措施更加行之有效，由荷兰能源与环境署（Novem）启动了住宅建设示范项目（图 3-6-3、3-6-4）。下表展示的是四种类型示范住宅具体技术参数（表 3-6-1）。荷兰能源与环境署网站 WWW.NOVEM. NL/EPN 上，可以查看到上述这些住宅的具体情况，住宅类型的详细说明在诺维姆公司网页。

图 3-6-3　安装有太阳能热水器的双拼住宅和联排住宅

图 3-6-4　装有多个太阳能热水器的楼房和装有一个
太阳能热水器的独立住房

1999 年示范住宅的具体概况（独立住宅为 1996 年数据）　　表 3-6-1

住宅类型	使用面积 （m²）	室内容积 （m³）	开窗面积 （m²）	屋顶面积 （m²）	山墙面积 （cm²）
连体房	111	352	14	57	44
两房一屋顶	134	452	24	67	108
独立房	166	440	54	79	188
楼房	75	224	16	19	38

3.6.5　技术措施

　　因为夹芯构造墙体中的保温层是与住房同寿命的（即 50 ~ 100 年），所以，选择高性能的保温材料是一种具有长效功能的投资策略。为使所有新的住宅都能有很好的保温，建筑法规对围护结构提出了最低的保温隔热要求，即将热阻（RC）控制在不得低于 2.5m²K/W。

　　目前许多住宅的保温性能均已达到 3.0m²K/W 的热工设计要求。这一指标已被国家可持续建筑项目计划规定为一项强制性指标。在执行过程中，使屋顶和地面达到保温要求相对容易一些，而若使围护结构为砖砌体的建筑达到这一要求，则不能靠墙身厚度的无限制增加来实现，因为过厚的墙体最终会影响住宅的使用面积。表 3-6-2 列出了住宅围护结构关键部位的热阻值。

　　通过建筑构造做法和改进施工工艺，可以有效降低围护结构的 EPC。表 3-6-2 和表 3-6-3 分别列出了具体的构造做法及厚度、节能构造措施的具体说明。

相对于不同热阻值的围护结构构造做法厚度　　表 3-6-2

围护结构构造（顺序为室内到室外）	RC=3.0	RC=3.5	RC=4.0
砖砌体	105mm	105mm	105mm
空气层	30mm	30mm	30mm
保温层（石棉/玻璃棉）	95mm	115mm	130mm
砖砌体	105mm	105mm	105mm
围护结构整体厚度	335mm	355mm	370mm

EPC 措施概览　　表 3-6-3

	部位	代号	说　明
常规	建筑做法	保温	–	一幢建筑物围护结构（墙面、地面和屋面）的 RC 值是保温隔热性能好坏的衡量标准。RC 值越高，保温就越好，热量损失越少
		玻璃	HR++	U（传热系数）=1.7W/m²K，ZTA=0.6（$U_{玻璃}$=1.2） HR++ 玻璃由双层玻璃组成，中间为中空惰性气体（氮、氩等）填充保温层，内侧玻璃带有隔热镀膜涂层

	部位	代号	说　明
建筑做法	门	DI	外门保温，U=2.0W/m²K 保温门由中空保温层的两根木头或钢柱组成，固定在框架上以防变形。钢柱内外都必须隔热
常规 设备	通风	MA-W MA-G	自然通风与机械通风结合，形成混合通风 自然通风是指为使里面的空气变得新鲜，而让新鲜空气通过金属网的过滤进入室内。机械通风是指将室内的污浊空气，至少是3个空间的即厨房、浴室和厕所的污浊空气，通过机械通风设备排出室外。机械通风设备使用交流电或直流电
	通风	WTW	回收排出室外空气中的热量，可使能效提高90%以上，$Q_{V10}=0.625 \ dn^3/s/m^2$。热回收设备使用直流电，通过热转换装置进行，从而实现回收余热的。从住宅通风中带走的热量，可通过热回收实现热量平衡
	采暖 供热	HR107 +R	HR107型燃气热水器，系统温度55℃，暖气片。 HR型锅炉是一个供热设备，符合废气排放准入商标的要求。这表示根据欧洲的计算方式，它的效益可达107%，而且仅仅是指采暖加热。这种采暖系统以暖气片为散热器，选用工质为平均温度为70℃的热水
		HR107 +LT	HR107型燃气热水器。系统运行温度55℃，可为楼板和/或墙体加热。 低温供热系统设计要求在楼板和/或墙体中铺设管道，管道循环工质为平均温度为40℃的低温热水。也可采用增加散热面积（如增加暖气片数量）的方式实现高效供热
	管道 生活 热水	CW2	CW2型燃气热水器，供应2级标准温度的热水（每分钟至少产生2.5L温度为60℃的热水）。 该设备拥有CW（舒适热水）商标，其管道阀门、预热时间，温度控制和能效等方面都符合基本要求。CW商标明确说明了每个设备提供的热水分级以及该设备最适用于哪些工况
		CW3	CW3型燃气热水器。供应3级标准温度的热水（每分钟至少产生3.5L温度为60℃的热水）
可持续	太阳能热水器	SZB	标准太阳能热水器，集热面积2.78m²
	PV板	PV	PV板，电线

3.6.6　集热面积对EPC的影响

表3-6-3反映了按现在的计算方式集热器面积大小对EPC的影响。为便于比较，选择了一个没有太阳能热水器、EPC为1.1的标准住宅作为参考。图3-6-5和图3-6-6分别表示标准太阳能热水器和太阳能热水器组合体的EPC效果。但是，按目前的计算方式，集热面积增加导致的EPC值下降，与实际节能情况往往不符，其结果没有实际节能多。

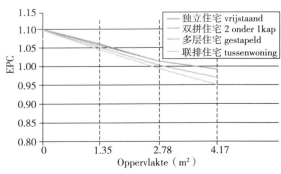

图3-6-5a　使用标准太阳能热水器时集热面积对EPC的影响

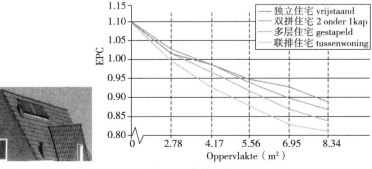

图3-6-5b　使用太阳能热水器组合体时集热面积对EPC的影响

EPC 1,0　使用太阳能热水器

图例：
- 独立住宅
- 双拼住宅
- 联排住宅
- 多层住宅
- 生活热水
- 用于制备生活热水的天然气用量
- 用于采暖供热的天然气用量
- ＋ ＝ 天然气总用量

住宅类型	住宅朝向	常规 建筑构造做法 屋顶热阻	墙体热阻	地面热阻	玻璃	门	设备配置 通风	供热	管线	可持续 太阳能热水器	光伏	EPC
独立住宅	南	3.0	3.0	3.0	HR++	DI						0,98
	北						MA-w	HR107+r	CW3	SZB	-	0,99
	西南	4.0	3.0	3.0	HR++	DI						0,98
	东南											0,98
双拼住宅	南											0,96
	北	4.0	3.0	4.0	HR++	DI	MA-g	HR107+r	CW3	SZB	-	0,95
	西南											0,97
	东南											0,98
联排住宅	南	3.0	3.0	3.0	HR++	DI	MA-w	HR107+r	CW3	SZB		0,96
	北											0,97
多层住宅	南/北											0,97
	西南	3.0	3.0	3.0	HR++	DI	MA-w	HR107+r	CW2	1,4 m²*	-	1,00
	东南											1,00

* 为每套太阳能热水系统的集热面积。

EPC 中 EPL 为 1.0

热负荷计算结果，可再生能源已计入，根据热值换算的标准天然气用量（m³）

多层住宅 gestapelde woning　联排住宅 tussenwoning　双拼住宅 twee onder één kap　独立住宅 vrijstaande woning

图 3-6-6a　使用太阳能热水器且 EPC=1.0 时的情况

EPC 0,9　使用太阳能热水器

图例：
- 独立住宅
- 双拼住宅
- 联排住宅
- 多层住宅
- 生活热水
- 用于制备生活热水的天然气用量
- 用于采暖供热的天然气用量
- ＋ ＝ 天然气总用量

住宅类型	住宅朝向	常规 建筑构造做法 屋顶热阻	墙体热阻	地面热阻	玻璃	门	设备配置 通风	供热	管线	可持续 太阳能热水器	光伏	EPC	增加的费用以荷兰盾计**
独立住宅	南	4.0	4.0	4.0	HR++	DI	MA-g	HR107+r	CW3	SZB	-	0,87	1500
	北											0,90	
	西南	4.0	4.0	4.0	HR++	DI	MA-g	HR107+r	CW3	SZB	-	0,87	1700
	东南											0,87	
双拼住宅	南											0,91	
	北	5.0	4.0	5.0	HR++	DI	MA-g	HR107+r	CW3	SZB	-	0,90	1700
	西南											0,92	
	东南											0,93	
联排住宅	南	4.0	3.5	4.0	HR++	DI	MA-w	HR107+r	CW3	SZB	-	0,90	2300
	北											0,91	
多层住宅	南/北											0,90	
	西南	4.0	3.5	4.0	HR++	DI	MA-g	HR107-LT	CW2	1,4 m²*	-	0,93	2200
	东南											0,93	

* 为每套太阳能热水系统的集热面积。** 以 EPC 为 1.0 的同类住宅为基准。

- EPC 中 EPL 为 1.0
- EPC 中 EPL 为 0.9

热负荷计算结果，可再生能源已计入，根据热值换算的标准天然气用量（m³）

多层住宅 gestapelde woning　联排住宅 tussenwoning　双拼住宅 twee onder één kap　独立住宅 vrijstaande woning

图 3-6-6b　使用太阳能热水器且 EPC=0.9 时的情况

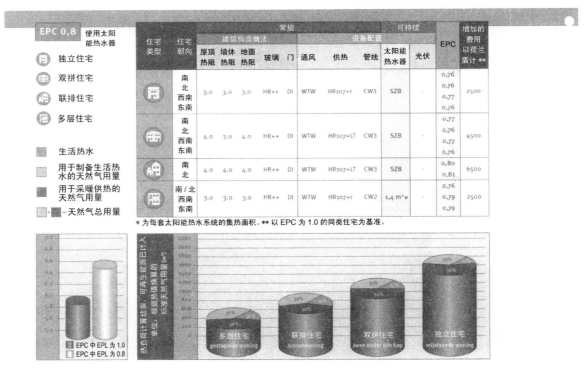

住宅类型	住宅朝向	建筑构造做法 屋顶热阻	墙体热阻	地面热阻	玻璃	门	设备配置 通风	供热	管线	太阳能热水器	光伏	EPC	增加的费用以荷兰盾计 **
独立住宅	南 北 西南 东南	3.0	3.0	3.0	HR++	DI	WTW	HR107+r	CW3	SZB	-	0,76 0,76 0,77 0,76	2500
双拼住宅	南 北 西南 东南	4.0	3.0	4.0	HR++	DI	WTW	HR107+LT	CW3	SZB	-	0,77 0,76 0,77 0,76	4500
联排住宅	南 北	4.0	4.0	4.0	HR++	DI	WTW	HR107+LT	CW3	SZB	-	0,80 0,81	6500
多层住宅	南/北 西南 东南	3.0	3.0	3.0	HR++	DI	WTW	HR107+r	CW2	1,4 m²*	-	0,76 0,79 0,79	2500

* 为每套太阳能热水系统的集热面积。** 以 EPC 为 1.0 的同类住宅为基准。

图 3-6-6c　使用太阳能热水器且 EPC=0.8 时的情况

住宅类型	住宅朝向	建筑构造做法 屋顶热阻	墙体热阻	地面热阻	玻璃	门	设备配置 通风	供热	管线	太阳能热水器	光伏	EPC	增加的费用以荷兰盾计 **
独立住宅	南 北 西南 东南	4.0	3.0	4.0	HR++	DI	WTW	HR107+LT	CW3	SZB	-	0,70 0,73 0,72 0,72	5250
双拼住宅	南 北 西南 东南	5.0	4.0	5.0	HR++	DI	WTW	HR107+LT	CW3	SZB	4 m²	0,67 0,66 0,69 0,69	10000
联排住宅	南 北	5.0	4.0	5.0	HR++	DI	WTW	HR107+LT	CW3	SZB	4 m²	0,72 0,73	12500
多层住宅	南/北 西南 东南	4.0	4.0	4.0	HR++	DI	WTW	HR107+LT	CW2	1,4 m²*	-	0,70 0,72 0,72	4500

* 为每套太阳能热水系统的集热面积。** 以 EPC 为 1.0 的同类住宅为基准。

图 3-6-6d　使用太阳能热水器且 EPC=0.7 时的情况

3.7　设计阶段

3.7.1　日照

由于荷兰经常处于多云天气，因此直射阳光较少，每年的太阳辐照当中，平均有 50%～60% 是来自漫射光（间接照射），也就是说，来自各个方向（图 3-7-1）。不管是直接的或是间接的光照，都可以被太阳能热水器所利用。

图 3-7-1　直射和间接照射

1) 倾角与方位角

在集热器朝南，与水平面的倾角 36°，偏西 5° 时，可以最大限度地接收太阳能，辐照量为 1123kWh/m² · 年。一般来说，为保证太阳能热水器的正常使用，往往在集热量计算时，都按理想工况日照的 85% 来计算。也就是说，最好朝向的集热器全年接收的太阳能 85% 可用于制备生活热水或采暖。总的来说，朝向在西南和东南之间，倾角在 30°～60° 之间，不被阴影遮挡的集热器是可以达到这一要求的（图 3-7-2）。

借助日照罗盘（在 WWW.ZONNEBOUW.NL 上可以了解更多情况），可以很容易地确定每一种倾角和方位角对应的最大集热量是多少。日照罗盘由两层组成，大盘显示刻度，小盘上有一个条形窗口，可以用来选择工况并读取相应的集热参数，可按以下步骤操作：将小盘外缘上的箭头设定在某一个方位，从条形窗口中可以看到，对应于窗口边缘的不同集热器倾角，一年的太阳能得热量是否最大化。在颜色标度中，暖色（100%）表示最大得热区间和百分比，冷色（10%）表示最不利的得热区间和百分比（图 3-7-3）。

图 3-7-2　集热器朝向

图 3-7-3　日照罗盘
纸质。左为正面，右为背面

2）日照损失

树木会妨碍集热器获得日照。由于树木会越长越高，必将对集热器带来越来越多的遮挡。所以，建议把集热器布置得越高越好，如放在屋面上。周边建筑物也会对集热器获取最大限度的日照造成影响。

下列公式作为一个定律，可用来估算由于上述不同情况的遮挡造成的集热器日照损失。

$$\beta = \frac{\Delta I_{max} \times (180 - \alpha)}{60\%}$$

式中 β 代表遮挡角度，可通过集热器到遮挡物之间的水平距离和遮挡高度来计算阻碍物顶部之间的丈量，ΔI 代表日照损失比例，α 是太阳能集热器的倾角。

算例 1　一般日照损失

太阳能集热器朝西南，倾角 40°，无遮挡，集热器的全年日照得热可达

95%。如果可以允许的最大日照损失 ΔI 为 10%，则可简便算出，β 必须小于 23.3°。也就是说，遮挡物到太阳能热水器的水平距离 y，必须至少是遮挡高度 h 的 2.3 倍以上（图 3-7-4）。

算例 2　平屋面安装的最小水平距离

在一个平屋面上安装集热器，一般来说会获得最佳的朝向，如朝南。常规的做法是采用一个通用的 30° 倾角，以使集热器的全年日照得热达 98%。如果可以允许的最大日照损失 ΔI 为 13%，那么在平屋面上连续布置集热器，就会产生彼此之间的遮挡，这就意味着，β 必须小于 33.5°，集热器前后排之间的水平距离 y 必须是遮挡高度 h 的 1.6 倍以上（图 3-7-5）。

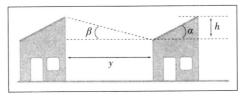

图 3-7-4　计算因前排住宅遮挡造成的太阳能得热损失示意

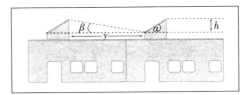

图 3-7-5　平屋顶安装的日照损失

3.7.2　太阳能热水器

荷兰最常见的太阳能热水器有 6 种类型。

1) 标准太阳能热水器

标准太阳能热水器由一个大多为 3m² 的集热器和一个分离容积为 80 ~ 120L 的蓄热水箱组成（图 3-7-6）。此类太阳能热水器大多采用回流系统，设有水泵，可自动补水。当出现系统水温过热或过低至结冻的危险时，集热器中的水可回流到缓冲罐中。有时，标准太阳能热水器也会采用其他循环系统，如改用强制循环系统或自然循环系统等。

在热水器运行过程中，一般情况是使用一个燃气热水器作为组合供热设备。标准太阳能热水器配备的分离式蓄热水箱，外形尺寸一般为直径 65cm，高度为 100 ~ 120cm。温差循环水箱多采用卧式，总是要置放在高于集热器的位置，其外形尺寸一般约为直径 50cm，长度为 130cm，可挂在阁楼屋脊上。

2) 整体太阳能热水器

整体太阳能热水器带有性能良好的保温层，其集热器与蓄热水箱连为一体，并与进 / 出水管道直接相连（图 3-7-7）。这样，就不用单独设置蓄热水箱。整体太阳能热水器可蓄热水 70~170L。由于循环流道和蓄热水箱整合在集热器内，所

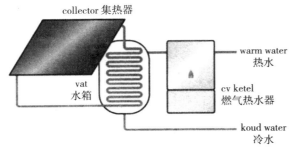

图 3-7-6　标准太阳能热水器示意

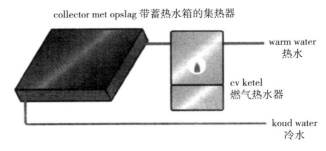

图 3-7-7　整体太阳能热水器示意

以比标准太阳能热水器的集热器要厚重，但对于屋面板的承载力来说，不成问题。

3) 燃气—太阳能热水器

燃气—太阳能热水器是蓄热水箱中带换热装置的太阳能热水器 (图 3-7-8)。蓄热水箱容量大约为 120 ~ 240L。

燃气—太阳能热水器中，太阳能热水器相当于预加热装置，其换热器与燃气热水器相连，可以使蓄热水箱最上层部位的水温始终保持在 60℃以上。由于是直接对蓄热水箱中的水进行加热，所以供水温度更高。原则上燃气—太阳能热水器可以与任何类型的燃气热水器组合，但总是需要一个分离的蓄热水箱，直径约为 65cm，高度为 140~160cm。

4) 太阳能热水—采暖系统

太阳能热水 — 采暖系统是蓄热水箱与燃气热水器一体化的高效燃气—太阳能锅炉 (图 3-7-9)，可替代可常规户用供热设备，同时为住户提供生活热水和采暖。在系统设计上，往往将生活热水和采暖设计成 2 套独立的循环系统。太阳能热水—采暖系统的优势是蓄热容积大，其外形尺寸为直径 65cm，高度 145cm。

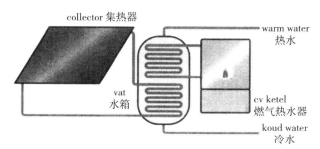

图 3-7-8　燃气—太阳能热水器示意

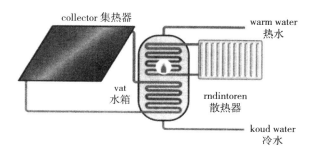

图 3-7-9　太阳能热水 — 采暖系统示意

5) 多 / 高层住宅系统

标准太阳能热水器、燃气—太阳能热水器和太阳能热水—采暖系统都适用于多 / 高层住宅使用。每幢多 / 高层住宅的集热器集中设置，但蓄热水箱分户设置，每套住宅都有自己的辅助加热设备和计量装置，形成集中集热、分户供热的多 / 高层建筑供热系统。系统设计的出发点，是使每套住宅均可拥有独立的计量设备和组合供热设备。这种系统最适于 4 ~ 5 层的多层住宅使用，也可供高层住宅上部 4 ~ 5 层的住户使用。

6) 集中系统

系统由集中布置的集热器和集中蓄热水箱组成，集中供应管道生活热水。辅助加热通常由一台中央燃气热水器承担，通过分配管网向各个住宅楼供应热水。

3.7.3　太阳能热水器的工作原理

上述各种类型的太阳能热水器，都是以不同的工作原理为前提的，其系统运行的主要类型是：回流系统、强制循环系统、自然循环系统、整体太阳能热水器（ICS）。

一些供应商可以为用户提供各种类型和专业技术的支持。为在住宅设计中合理选用和布置太阳能热水器，建议认真参照生产厂家提供的样本说明。下面的图、表，详细说明了太阳能热水器的工作原理，并将备选的和常用的设备型号进行了比较和说明（表 3-7-1、图 3-7-10）。目前，荷兰最常用的系统是回流系统。

合理选用太阳能热水器 / 系统　　　　表 3-7-1

作用原理　　型号	回流系统	强制循环系统	自然循环系统	紧凑系统（ICS）
标准太阳能热水器	●	●	●	
整体太阳能热水器				●
燃气 — 太阳能热水器	●	●		
太阳能热水 — 采暖系统	●	●		
多 / 高层住宅系统	●	●		
集中系统	●	●	●	

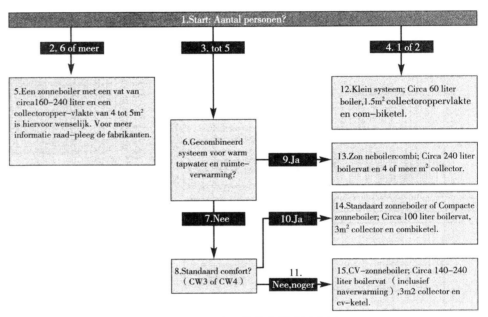

图 3-7-10　太阳能热水器选用流程

1. 开始选用：使用人数是多少？ 2.6 人以上；3.3~5 人；4.1~2 人 5. 需要安装一个蓄热水箱容积 160~240L，集热器面积 4~5m² 的太阳能热水器。更多情况可向厂家咨询；6. 生活热水与采暖结合；7. 不；8. 标准供水温度？（CW3 或 CW4）；9. 是；10. 是；11. 不，更高；12. 小型系统，蓄热水箱 60 L，集热面积 1.5 m²，燃气热水器；13. 太阳能热水 — 采暖系统。约 240 L 的热水箱，集热器面积 4 m² 以上；14. 标准太阳能热水器或整体太阳能热水器。约 100 L 的蓄热水箱，集热器面积 3 m²，燃气热水器；15.CV 太阳能热水器。约 140~240 L 的蓄热水箱（包括辅助加热），集热器面积 3m²，燃气热水器。

　　根据上述选用流程图，可以很容易地确定哪一种型号的太阳能热水器最合适。该图是根据最常用太阳能热水器型号，结合燃气热水器制作的。使用这个流程图很重要的一点，是明确住宅的常住人口。此外，选用何种类型的太阳能热水器 / 系统，完全取决于你对供水水温的要求。

　　1) 集热器

图 3-7-11　坡屋面上安装的集热面积 4.2 m² 的集热器

注：屋面高处为集热器，低处为天窗

集热器有各种规格尺寸。荷兰家庭喜欢选用集热面积 3 ~ 4m² 的平板集热器。除标准平板集热器（1.8m ×1.8m）外，还有可水平放置和垂直安装的特殊集热器。此外，集热器边框的颜色具有挑选余地。安装良好的平板集热器，看上去更像建筑的天窗，易与屋面的其他材料融为一体（图 3-7-11）。

2) 太阳能蓄热水箱和锅炉

太阳能蓄热水箱可选用立式或卧式。但建筑整合设计中，首先要满足太阳能热水器 / 系统的运行要求。同时，还有保证其操作空间足够大，方便燃气热水器和蓄热水箱等设备的更换。蓄热水箱最好设在燃气热水器附近，平行布置。燃气热水器和标准蓄热水箱操作空间的具体要求，可在图 3-7-12 中找到。

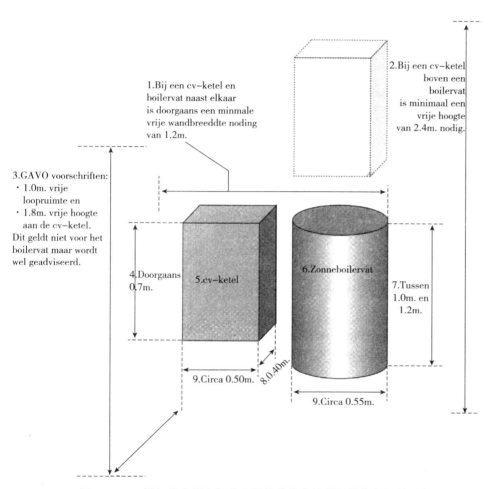

图 3-7-12　燃气热水器和标准太阳能蓄热水箱预留操作空间的要求

1. 燃气热水器与蓄热水箱并行布置，外廓距墙至少留出 1.2m 的操作距离；2. 燃气热水器布置在蓄热水箱上方，距顶至少留出 2.4m 的操作距离；3.GAVO 规定 • 燃气热水器前须留有净宽 1.0m 的走道；• 燃气热水器前须留有净高 1.8m 的操作空间。未对蓄热水箱作此规定，但建议照此规定执行。4. 通常 0.7m；5. 燃气热水器；6. 蓄热水箱；7.0.1~1.2m 之间；8.0.40m；9. 约 0.50m。

3) 回流系统

所有这样的回流系统，都采用平板型集热器。回流系统通常设有缓冲罐，使过低或过高温度的水能够回流入内。建筑设计时须注意以下几点（图 3-7-13）：

• 注意避开烟囱、建筑、树木等可能产生的遮挡；

• 与集热器相连的管道，必须设有 50mm/m 以上的纵坡；

• 留出足够的系统维修空间，设备前方预留 1.0m 净宽的走道、1.8m 净高的操作空间；

- 集热器与缓冲罐之间的高差不要大于 4m；
- 太阳能集热器尽量与锅炉靠近布置。

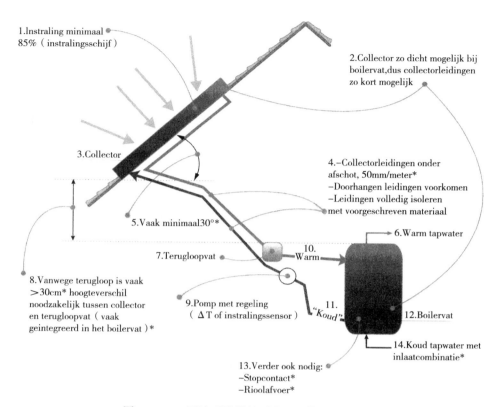

图 3-7-13　回流系统设计要点（具体咨询厂商）
1. 根据日照罗盘估算出全年太阳能得热量在 85% 以上；2. 集热器尽量靠近蓄热水箱布置，减少连接管道长度；3. 集热器；4.– 管道纵坡 50mm/m，– 防止管道悬挂，– 使用规定的材料对管道实行全部保温；5. 通常至少 30°；6. 生活热水出口；7. 缓冲罐；8. 集热器与缓冲罐之间须有高差，通常要 ≥ 30cm；9. 循环泵（温差传感器控制）；10. 热水；11. 冷水；12. 锅炉；13. 还需咨询厂商确定：– 电源插座　– 排水管道；14. 冷水补水进口

4）自然循环系统

在自然循环系统中，液体循环工质在集热器流道中，由于温差产生自然循环。通过将循环工质由水改为防冻液，即可防止系统管道冻裂。设计时须注意以下几点（图 3-7-14）：

- 注意避开烟囱、建筑、树木等可能产生的遮挡；
- 蓄热水箱必须高于集热器布置，高差通常要在 30cm 以上；
- 留出足够的系统设备维修空间；
- 太阳能集热器与蓄热水箱尽量靠近布置。

5）强制循环系统

该系统通过强制循环泵运行，运行工质防冻。设计时须注意以下几点（图 3-7-15）：

- 注意避开烟囱、建筑、树木等可能产生的遮挡；
- 与集热器相连的管道可以不设纵坡，但设纵坡的好处是，有利于系统的保养维修；

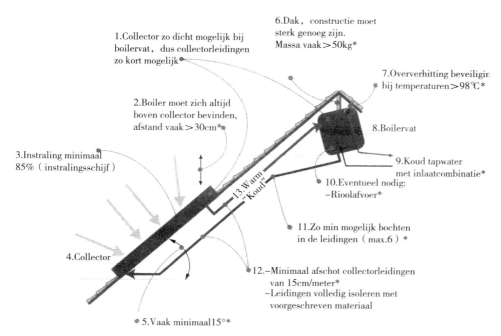

图 3-7-14　自然循环系统设计要点（具体咨询厂商）

1. 集热器尽可能靠近热水箱，所以集热板管道尽可能短；2. 蓄热水箱必须高于集热器布置，高差通常 ≥ 30cm；3. 按照日照罗盘估算出全年太阳能得热量在 85% 以上；4. 集热器；5. 通常至少为 15°；6. 屋面承载力满足安装集热器和蓄热水箱的要求。荷载可按 >50kg/m² 考虑；7. 防过热（系统水温温度 ≥ 98℃）装置；8. 蓄热水箱；9. 生活热水出口冷水补水进口的管道冷水；中间：热水管道　冷水管道。10. 必要时需设排水口；11. 尽量减少管道弯度（最大不超过 6°）；12. 连接集热器的管道纵坡 15cm/m 管道完全绝缘并使用规定材料；13. 热水管道　冷水管道

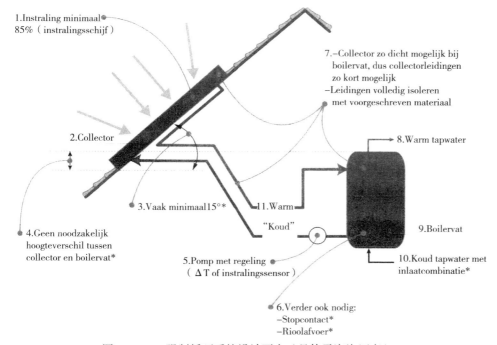

图 3-7-15　强制循环系统设计要点（具体需咨询厂商）

1. 按照日照罗盘估算出全年太阳能得热量在 85% 以上；2. 集热器；3. 通常在 15° 以上；4. 集热器和蓄热水箱之间不需留有高差；5. 循环泵（温度传感器控制）6. 还需咨询厂商确定：- 电源插座 - 排水管道；7.- 集热器尽量靠近蓄热水箱布置，减少连接管道长度 - 使用规定材料对管道进行全部保温；8. 生活热水出口；9. 蓄热水箱；10. 冷水管道进口；11. 热水管道　冷水管道

- 留出足够的系统设备维修空间，设备前方预留 1.0m 净宽的走道、1.8m 净高的操作空间；
- 太阳能集热器和燃气热水器尽量靠近设置。

6) 整体太阳能热水器

在整体太阳能热水器系统中，集热器与蓄热水箱连为一体，英文名称是 INTEGRATED COLLECTOR STORAGE，即 ICS。这种热水器的特点是，集热和换热效率高。设计时须注意以下几点（图 3-7-16）：

- 注意避开烟囱、建筑、树木等可能产生的遮挡；
- 太阳能集热器和燃气热水器尽量靠近设置。

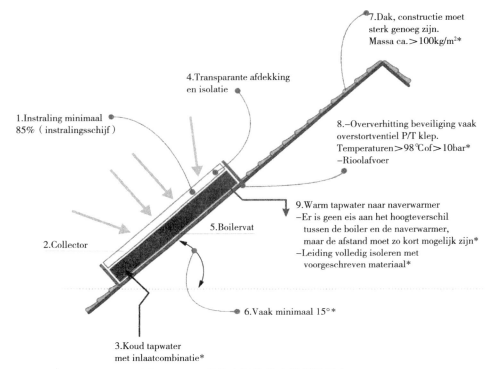

图 3-7-16 整体太阳能热水器设计要点

1. 按照日照罗盘估算出全年太阳能得热量在 85% 以上；2. 集热器；3. 冷水补水进口；4. 透明保温盖板；5. 蓄热水箱；6. 通常至少 15°；7. 屋面结构承载力满足安装要求荷载可按 >100kg/m² 考虑；8.– 在水箱顶部设溢出阀，可以安全防止热水器过热（系统水温温度 ≥ 98℃，水箱压力 >10MPa）。– 排水口；9. 产出的热水器与辅助加热装置之间没有高差要求，但距离要尽可能短。

3.7.4 设计参考实例

1) 住宅朝向

住宅朝向与集热器的布置是非常重要的。如图所示，本来应该布置在南屋面的集热器，被错误地布置在北屋面上（图 3-7-17）。住宅设计犯了原则性的错误，后来由于及时发现，才得以及时纠正。

2) 汽车库上太阳能集热器布置

起初计划将集热器设在车库的雨篷上面，蓄热水箱设在车库内部，但出现以下一

图 3-7-17 住宅朝向的设计参考实例

些问题:

· 因住房屋顶的原因造成日照损失;

· 蓄热水箱必须防冻,这样就需要为车库供暖,以保持室内不冻。造成为节约能源而不必要地追加能源消耗;

· 管道敷设过长。必须从车库敷设管道与置于阁楼层的锅炉相连,又需要向下为厨房和浴室供热水。

经修改,最终将太阳能集热器布置在南向坡屋面上,形成了理想的整体设计方案(图3-7-18)。

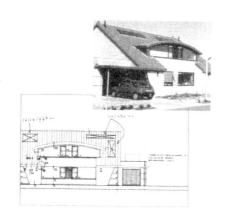

图 3-7-18　汽车库上太阳能集热器布置的设计参考实例

3) 平屋面的集热器布置

在平屋顶布置太阳能集热器,大致有两种可能性:从视觉上是可视或不可视。

· 不可视布置。通过采用可水平放置的集热器,将其布置在平屋面中部,从街道上看去,基本是看不到集热器的,或只能看到很小的一部分(图3-7-19)。

· 可视布置。利用集热器作为构成建筑外立面的特殊元素,形成独特的风格。如在一个联排住宅项目中,集热器被设计成屋面护栏(图3-7-20)。

图 3-7-19　平屋面太阳能集热器布置的设计参考实例

图 3-7-20　平屋面集热器布置的设计参考实例

4) 墙面上的集热器布置

如果一栋住宅采用坡屋面,但并不朝阳,这时可以考虑不在屋面、而是在朝南的墙面上安装集热器。设计方法有很多种,主要考虑的要素是使集热器的倾角能够满足集热要求(图3-7-21、3-7-22)。

图 3-7-21　利用檐口在墙面布置集热器的设计参考实例

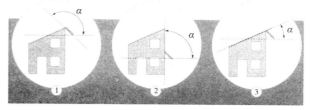

图 3-7-22　墙面集热器布置的设计参考实例

①集热器放在屋脊。这是最有效的解决方式,倾角可以调整,可获日照与平屋面布置时持平,约85%~100%;②集热器作为遮阳。这是较为有效的解决方式。倾角调整余地小,可获日照约为75%~85%;③在带有单坡屋脊挑檐的下方布置集热器。这是效果最差的解决方式,遮挡严重,可获日照在65%~75%之间

3.8 招标阶段

招标的有关程序，可借助查验清单进行评估和比较。要想一举中标，首要的一点就是，被要求提供报价的太阳能热水器及辅助加热锅炉的数量要足够多，如100套太阳能热水器。其次，申请到更多的工程招标报价机会的做法，显然是明智的。因为可以分开报价，如向供应方（厂家／供应商）和安装方（承包商／安装公司）分别提供报价。

3.8.1 承包商／安装公司的资格审查

在选择安装公司时建议注意以下几点：

- 必须经过"太阳能热水器技术"培训，要求提供有关人员的资质证书；
- 必须经过"太阳能热水器安装"培训，要求提供有关人员的资质证书；
- 拥有工程经验。要求参与过类似工程项目和太阳能热水器安装工程。

3.8.2 供应商的资格审查

最好事先打印好书面申请，以方便对各种招标进行比较。制定一个具体的资格审查表，意味着工作完成了一半。申请表可通过网址 WWW.ZONNEBOUW.NL 下载。

申请表原则上分为5个部分，即：

1）有关申请及项目的总体要求

- 有效期及目标，包括对项目或者是申请行之有效的项目陈述；
- 每月所提供设备的数量及最迟付货时间；
- 厂家／供应商付款与供货条件的资料。

2）太阳能热水器（包括配套锅炉）整体技术说明

在太阳能热水器整体说明方面，供应商应提供集热器、蓄热水箱的有关资料，此外还要求提供有关燃气热水器的资料。最好是让供应商提供符合国家技术标准和质量要求的设备，或由供应商提供书面担保说明，所有设备均符合太阳能热水器／系统的质量要求。在相关设备的技术说明方面，建议重点审查以下几点：

- 不含 CFK 的保温材料；
- 耗材；
- 材料；
- 屋脊防护；
- 过热防护装置；
- 供货期限；
- 保修；
- 供水温度标准。

3）价格

除质量要素外，价格是最重要的因素，除要考虑太阳能集热器的价格外，蓄热水箱和配套锅炉的价格也很重要。如果是为多／高层住宅提供的成套设备，除总价外，还要求提供每套住宅所核算承担的价格成本。价格当然是与使用效果直接相对有关的。在价格问题上，要多方询价，并将安装等费用一并考虑在内，如：如果集热器、配套设备在安装过程中出现失误，未按照设计图纸要求安装到相应部位，责任由谁承担，拆改费用由谁支付，如何解决，或没有按合同要求，安装了其他型号的锅炉等。

4）质量担保

质量担保是报价的一个重要部分，建议向技术研究中心（TNO）申请，进行质量认证。还建议要求供应商提供有关项目的参考资料和质量担保协议。如果不能提供充分的资料，可以要求提供补充担保。在平屋面布置集热器，需提供技术许可证，并必须进行现场实测，以确保集热器运行工况的要求（图 3-8-1）。

5）相关资料

要求提供所有能为产品树立良好形象的必要资料，也就是太阳能热水器和燃气热水器的技术说明资料、使用指南和安装规定。最后还要有帮助使用者了解在使用过程中，如何调节太阳能热水器各个控制环节的相关资料（图 3-8-2）。

图 3-8-1　在 TNO 对太阳能热水器进行测试　　图 3-8-2　对出厂前的集热器进行检验

3.8.3　谈判技巧

如果事先准备好所有资料，谈判会更见成效。在对招标和谈判方面，当然还需要一个有经验的顾问介入。

从报价表中整理出一个包括已有资料和尚缺资料的核对清单，对缺少的、或还不清楚的资料，或需要补充的资料，提出问题。

所有的改动和补充都应得到书面确认和签字。

最后在对所有资料进行研究之后，再做出选择。

3.8.4　报价评估

在对报价作出评估时要在以下几方面之间进行权衡：

● 质量以及担保，即材料、工程经验；

● 价格、业绩；

● 适用性。

建议不仅仅对提供的太阳能集热器进行评估，还要对整套太阳能热水系统设备进行评估。

帮助做出评估的检查表，可通过 **WWW.ZONNEBOUW.NL** 网站下载。并需要从诸多供应商中选出可比较的设备。

3.8.5　质量担保／认证

在购置太阳能热水器时，以下的担保和认证方式是常用的，有时还需补充其他担保。认证的要求如下：

● 选用太阳能热水器植被生活热水和采暖，要求仅接受经过有资质的机构进行认证和检测的设备产品；

● 燃气辅助加热设备，需要有天然气入网许可证；

- 厂家必须提供以下担保：
  - 集热器，包括管道及配件（屋面部分）保修 6 年（易碎玻璃除外）。
  - 设备其他部分保修 2 年。
- 设备安装，必须由有资质的安装公司承担，并保修 2 年；
- 施工安装工程，必须经过有关能源公司的批准。如图 3-8-3。

图 3-8-3　太阳能热水器安装效果

3.8.6　施工图纸

在设计太阳能热水器施工图纸时，以下步骤计划可以作为参照：
- 选定具体型号的太阳能热水器；
- 研究标准设计图纸说明中，给出的太阳能集热器在数量上是否满要求；
- 通过以下方式向厂家要求增加或提供全套的标准设计和图纸说明：
  - 标准产品资料；
  - 咨询电话；
  - 厂家网页。根据安装合同和具有公平性的具体条款，厂家现在不仅要提供施工图纸，还要提供检测证书和质量证书。
- 施工图纸说明中，要有图纸目录、材料设备清单、重要节点和大样详图。

对于太阳能热水器和辅助加热设备，必须提供以下文件：
- 厂家提供斜屋面或平屋面的太阳能集热器平面布置图；
- 蓄热水箱和辅助加热设备。蓄热水箱与集热器、管道、管网和辅助加热设备连接的系统图；
- 蓄热水箱冷水补水管线进口的详图；
- 如有必要，可在太阳能热水器中增加一个三通温控阀门；
- 提供回水保温集热器管道（最长 10m）布置详图；
- 辅助加热设备混水阀详图。如果太阳能热水器的最高出水温度，超过辅助加热设备冷水补水进口的允许温度，就必须增设第二个混水阀；
- 安装支架；
- 用于平屋面安装的压载物。如图 3-8-4。

图 3-8-4　施工现场

3.9　施工

3.9.1　安装步骤

　　新建项目中，集热器的安装最好与屋面主体结构施工同时进行，蓄热水箱的安装要与辅助加热锅炉的安装同时进行（图 3-9-1）。建议由有经验的建筑施工企业来安装集热器。这样的好处是，只有一方对屋面的防水质量负责。对于形式较为简单的屋面，集热器的施工材料费和人工费，可以包含在建筑施工费用当中。

图 3-9-1　集热器安装步骤

步骤 1 确定集热器位置，安装木龙骨；步骤 2 安装底座；步骤 3 安装集热板；步骤 4 固定集热板并安装封边构件

3.9.2　安装、供货与维修

　　1）安装

　　尽管安装太阳能热水器相对简单，但有时也会犯错误。出现这种情况，往

往是安装者或建筑施工者缺乏经验。建议在每一个建筑项目交付时，至少要对1~10套太阳能热水器的安装质量及运行效果进行检验。

经常出现的错误是：

- 没有充分利用斜屋面下的空间安装管道，或者回水管道弯度大于规定要求；
- 集热器补水管道错误连接；
- 管道未完全保温；
- 整体太阳能热水器和太阳能热水—采暖系统的热水管道中，没有安装温控阀；
- 集热器循环系统没有安装温控阀；
- 混合阀安装和方向错误；
- 循环泵连接和方向错误；
- 温度传感器安装错误。

2）竣工验收

太阳能热水器/系统安装的标准验收单，以及如何正确安装太阳能热水器/系统的有关资料，可在 **WWW.ZONNEBOUW.NL** 网站下载。

3）维修

一个安装良好的太阳能热水器，几乎不需维修。保修期内，可以对系统和设备进行定期保养，包括对燃气热水器和太阳能热水器运行情况进行检查，这方面也可以使用验收单。

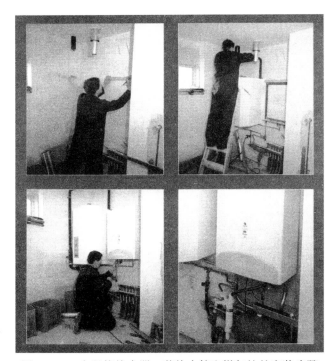

图 3-9-2　太阳能热水器、蓄热水箱和燃气炉的安装步骤

步骤 1 确定安装位置；步骤 2 安装蓄热水箱并与集热器连接；步骤 3 安装燃气炉并与蓄热水箱连接；步骤 4 燃气炉与预加热设备连接

4）推介

在新建住房的推介活动中，太阳能热水器相对来说只占很小份额。人们可以

选择通过实物展示或是通过推介材料进行选购。推介材料肯定要涵盖使用太阳能热水器的各种好处和便利。

选用太阳能热水器的理由，不外乎以下几点（图 3-9-3）

图 3-9-3　效果图

- 环保节能（绿色或可持续性住宅）；
- 提高舒适度和豪华度；
- 改善形象；
- 减少常规能源消耗；
- 可以省去需要热水供应的用电设备（如洗衣机、洗碗机类）的耗电量。

实际上，为了未来和子孙后代而选用太阳能热水器，是一个更为充分的理由。让儿童从小树立绿色意识，通过课本，了解包括使用太阳能热水器的可持续性住宅的相关信息，对今后的节能是大有益处的。

今天，在经济繁荣的情况下，人们可以享受舒适生活。其中太阳能热水器所提供的生活热水，对此具有一定贡献。在不同的使用条件下，改善水温和用水的舒适度，还有极大的品质提升空间。

对于家庭成员以及邻居来说，住户一旦使用了太阳能热水器/系统，就间接地参与了全社会的环保活动。

住宅业主在将出售房屋时，所附带的太阳能热水器/系统，增加了它的吸引力和售价。如果比较全寿命使用过程中的天然气用量，显然有太阳能热水器的住宅比没有太阳能热水器的住宅要低得多。

3.10　补贴与财政

荷兰在推广和使用太阳能热水器方面，推出了多种补贴和财政资助措施。

3.10.1　补贴

1）政府

"1998 激励太阳能热利用的补贴规定"就是荷兰社会经济事务部下属荷兰国际合作执行局（即 Senter，现已同荷兰能源与环境署合并为荷兰创新与可持续发展局，即 SenterNovem）推出的一种补贴措施。如果用户在 2000 年提出申请，那么 2001 年，荷兰国际合作执行局即可对太阳能热水器提供补贴。递交补贴申请必须在申请表上亲笔签字。每一个购置太阳能热水器、并通过在荷兰的厂家进行设备安装的用户，都可以从中得到补贴。补贴额度则根据项目收益决定。

在购置和安装太阳能热水器之前，必须先递交申请表提出申请，在太阳能热水器安装好并付清费用后必须填写确定表。确定表必须在最后一个太阳能热水器安装完毕后的 13 周内递交。

2）能源公司

能源公司在太阳能热水器方面总是积极执行促进太阳能使用规定。申请表可以向能源公司要，这部分补贴主要来源于环保行动计划基金。

3）市政府

许多市的政府也对购置太阳能热水器予以资助，而且资助可以高达每套太阳能热水器 500 荷兰盾。在许多情况下，市政府的资助仅限于既有建筑。

3.10.2　财政手段

EIA 规定

能源投资免税规定（简称 EIA），为那些生产节能设备的企业和在可持续能源中进行投资的企业，提供了直接的财政支持。这些企业因此可以获得最高减免总投资费用 40%、最高 2 亿荷兰盾的利税的优惠条件。太阳能热水器生产企业已明确列入享受此项优惠政策的名单。

VAMIL 规定

环保投资免税规定（简称 VAMIL），为那些生产环保设备的企业和投资者，提供了有利的财政优惠。这些企业和设备可以减免税收，使环保投资在第一年里即可获得税务全免的特殊优惠条件，而不是逐年进行减免。通过这种资金流转方式，如以纯现金进行交易，那么企业最高获利额度可占总投资的 15%。太阳能热水器生产企业已明确列入享受此项环保优惠的名单。

3.10.3　绿色项目抵押贷款

"绿色项目"，是由住房、空间规划和环境部（VROM）设立的有关建设开发项目的法规。其适用范围为所有新建项目，并受以下条件约束：

- 住房必须至少是一个自然人的长久居住地；
- 每套住房建设的基础成本不得高于 40 万荷兰盾；
- 建设施工必须在申请获得批准后才能开始；
- 项目必须符合可持续建筑（DUBO）的措施规定；
- 项目中必须采取部分可持续建筑措施（得分要在 160 以上）。

绿色项目合约有效期为 10 年，另外还要补交其他合约。到 2000 年，全国已签署了 5000 份绿色项目合约。太阳能设备属于绿色项目规定的资助范畴，可享受同绿色基金会签订低息（利率 1%～2%）财政抵押贷款的优惠条件。但是，绿色项目抵押贷款额度每套住宅仅限 7.5 万荷兰盾，相当于实际资助额度为绿色项目额外建设成本的 75%。

3.10.4　房屋租赁或购买

通过统一核算补贴、财政手段和实际投资额，可以得出每套太阳能热水器的净投资费用。国家住房建造协会可根据核算结果，确定租金的价格水平。最好的结果就是使租金与预期的节支额度持平。目前，各有关机构都在开发不同的租赁模式，以使那些不需要交纳财产税的用户，能够通过能源投资免税、环保投资免税和绿色项目获益。为此，全国已专门设立了一个专门为能源投资免税规定、环保投资免税规定和绿色项目抵押贷款服务的租赁机构，由其负责进行利息偿付。采用房屋租赁而不是购买房屋产权的好处是，客户无需初始投资，并提高了使用绿色住宅的积极性。

第 4 章　可持续建筑的供热和制冷[①]

供热和制冷及其可持续能源的应用，是可持续建筑的重要组成部分。例如，太阳能可以被用来驱动二级干燥蒸发式冷却系统（DEC），土壤（蓄水层）的跨季节蓄能技术可以实现在夏季使用冬季存储的冷量，在冬季使用夏季储存的热量。这些供热和制冷技术有它们的适用性和技术条件，如土壤蓄能技术较适于北纬 33°以北的地区。

建筑供热和制冷的目的，是创造一个良好的生活环境和一个舒适的工作场所。办公室人员在一个良好的室内环境下工作，可以提高 2% ~ 10% 的效率。图 4-1-1 显示了西欧地区建筑供热和制冷的投资结果。在通风率较低，特别是没有制冷条件时，生产力的损耗会增加。一年损耗 50h 就意味着 3% 的生产力下降，对应的是一年每个员工 1600 欧元的损失。因此投资创造一个良好的工作环境是非常必要的。

另一方面，常规设备的制冷和供热，制冷机组以及燃气或燃油锅炉会消耗很多能源。化石燃料的储量不是无穷无尽的，廉价的生产石油会变得越来越有限。只要石油需求超过供给，油价就会上升。从经济学的角度来看，追求建筑的冷热供应的能源高效率使用是非常有意义的。这可以通过可持续能源的应用来实现。

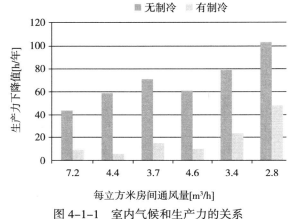

图 4-1-1　室内气候和生产力的关系

4.1　选择正确的能源

应用天然能源，像冬天的冷量和夏季的热量，可以避免化石燃料（煤炭，石油，天然气）在"低品位应用"中的过量使用。使建筑室内温度保持在 22℃无疑是能源的一种"低品位应用"，它需要的温度水平只在 10℃ ~ 50℃ 之间。化石燃料应当被储存以备高级别的应用，例如高温工业加工过程，能源生产或者化学工业的输入需求。

从环境的角度来看，必须控制能源消耗的增长以减少二氧化碳的产生，从而避免众所周知的使全球变暖的温室效应。能源的使用向可持续的方向发展可以减少二氧化碳的排放和全球温度的上升。

---

① 根据 DWA 公司安装和能源顾问 Hans Buitenhuis 在 2004 年国际可持续发展建筑会议中的《荷兰专家的特殊贡献 (Dutch contribution to the proceedings)》编辑整理。

4.2 调峰

在需要夏季降温的气候区域，由于所有的空调设备同时运转，城市的最大电力负荷会增加很多。发电厂和供电基础设施所需的容量在很大程度上由制冷用电的峰值来决定。为夏季降温而存储的免费的冬季冷量可以节约大量成本并可降低全年的峰值用电。

4.2.1 干燥蒸发式冷却

空气可以通过除湿，热交换以及加湿来冷却。这种类型的制冷方式被称为干燥蒸发式冷却（DEC）。它是一个节能的处理方式，能够将太阳能的热量应用于制冷过程。

DEC 的工作原理见图 4-2-1 和图 4-2-2。吸附轮盘在这个系统中起着关键作用。它是一个带有吸附材料（例如硅胶或氯化锂）涂层的热回收轮盘。有了这个吸附轮盘，空气可以被深度干燥。

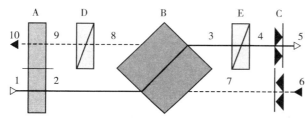

图 4-2-1 DEC 系统工作原理
A: 吸附轮盘 B: 热交换器（盘式或轮式）C: 加湿器 D: 再生加热器 E: 加热器

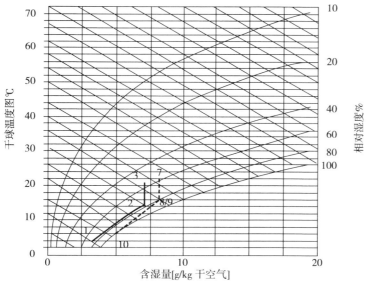

图 4-2-2 DEC 系统在焓湿图上的冬季过程描述

在冬季，排出废气的热量通过吸附轮盘（A）和第二热交换器（B）来进行热回收。85% 的热量可以被回收用于加热室外新风。额外的热量对于这个系统是不必要的。废气中 80% 的湿气被吸附轮盘回收用于室外新风的加湿。

在夏季，室外新风需要被冷却。首先，加湿部分（C）的废气通过加湿和绝热冷却阶段。这个过程如图 4-2-3 显示。如果需要获得更多的冷量，就要采用二级制冷过程（图 4-2-4）。通过以下 3 个步骤来调节室外新风：

- 吸附轮盘的干燥（A），图 4-2-1 步骤 1 ~ 2；
- 热交换器内的冷却（B），步骤 2 ~ 3；
- 空气的加湿（C）以及绝热冷却，步骤 3 ~ 5。

吸附轮盘必须再生，也就是说通过加热空气排出吸附材料中的湿气（吸附材料图 4-2-1，步骤 8~9）。 再生所需的加热器（E）的最大温度是 70℃。在这个工况下，温度为 28℃、相对湿度为 60% 的室外空气可以被冷却到 15℃，太阳能集热器可以提供再生所需的热量。二级冷却过程的效率（主要能量比率）是 0.6，这与吸收式制冷类似。这意味着再生所需热量必须是太阳能热量或免费的废弃热量。与电制冷相比，煤气锅炉再生热量的效率比较低。

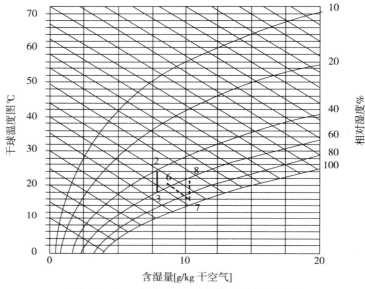

图 4-2-3　一级制冷过程在焓湿图上的描述

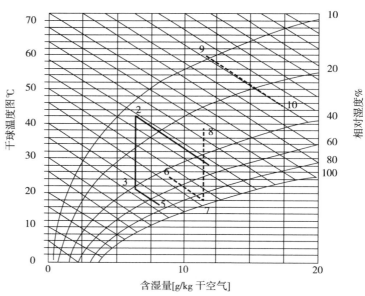

图 4-2-4　二级制冷过程在焓湿图上的描述

安装 DEC 和太阳能集热器的例子如图 4-2-5 所示。太阳能热量储存在一个缓冲罐内。当太阳能不足的时候，锅炉会提供额外的热量。

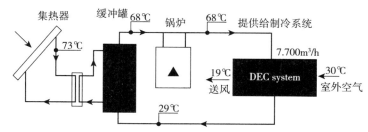

图 4-2-5 由太阳能（80m² 集热器面积）驱动的办公楼 DEC 制冷系统

无论在冬季还是夏季，带有太阳能集热器的 DEC 系统的能耗都低于传统的装置(锅炉+制冷机)。在荷兰，供热和制冷节约的总能量可以达到 45%(表4-2-1)。

能量消耗和 DEC 系统的节省量   表 4-2-1

	单位	常规	带有太阳能 DEC 系统
夏季 / 制冷	[m³a.e.]	3700	3600
冬季 / 供热	[m³a.e.]	12500	5300
总 数	[m³a.e.]	16200	8900
DEC 系统的节省量	[m³a.e.]	—	7300
	[%]		45

DEC 系统最昂贵的部分是吸附轮盘，当然太阳能集热器也相当昂贵。一个处理量为 20000m³/h 风量的空调机组再加上 DEC 系统的投资成本相当于一个传统的空调机组加上制冷机组的成本。带有 DEC 的小型系统相对更加昂贵。DEC 系统的最佳工作环境是较干燥，高温和太阳辐射强的地区。为了更好地将 DEC 系统与传统制冷系统进行投资对比，必须考虑电力线路连接，制冷设备的专用机房，包括制冷设备，冷却塔等等的费用。

有很多不同的方法可以满足建筑（办公室，大学建筑，医院，购物中心等等）集中供热和制冷的需求。除了通过冷水机组制冷（机械制冷），吸收式制冷或 DEC 方式制冷，还可以在土壤中储存冬季的冷量以满足夏天的制冷要求。

4.2.2 地下含水层蓄能

在含水土层（蓄水层）储存的跨季节能量可以提供一个代替传统制冷方法的选择。经济方面是选择制冷系统的一个重要的因素。降低能耗和提高环境效益也变得越来越重要。

蓄水层的跨季节蓄冷适用于 4000m² 以上的办公室，带 300 张以上床位的医院和制冷负荷大于 400kW 的其他建筑。获得冷量通常是能量储存的主要目的。然而冷量和低温热量都可以被储存和使用。跨季节蓄能降低了每年 40% ~ 80% 的能量消耗成本。在荷兰，蓄水层蓄能已经被证明是一种可行的技术。在过去 15 年内已建有超过 250 个的大型蓄水层蓄能工程。它是一种可代替制冷机组的有利选择。

蓄水层蓄能的工作原理很简单（图4-2-6）。能量被储存在一个含水沙层中，即为蓄水层。地下水被抽出来并注入两口井里（一个双井）。

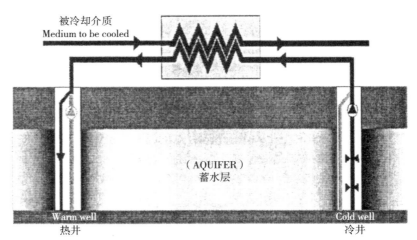

图4-2-6　蓄水层蓄能工作原理

在冬季，从热井中抽出地下水。地下水被冷空气或在热泵的帮助下被冷却。地下水被储存在温度为8℃的冷井中。

在夏季，过程与冬季相反。如果需要冷量，从冷井中抽出地下水用于制冷。地下水的温度升至18℃后被注入到热井中储存。

只有地下水泵需要用电。与机械制冷机组相比，供电峰值可降低90%。

地下水循环回路必须与建筑内的循环水分离，以避免腐蚀和空气泄漏到地下水中。这由放置在地面或更低高度的板式换热器来完成。因为地下水不是一个封闭环路，位置太高会导致较高的水泵压力和高能耗。

获得冬季免费的冷量是跨季节蓄能的必要条件。

建筑内部的制冷温度在17℃或以上的温度。需要的冷量对应的是最大温度曲线(顶部的蓝色虚线部分)以及17℃温度线之间的面积。蓄冷的起始温度是9℃或更低。可使用的冷量可以通过9℃线和最低温度线（底部的蓝色虚线）之间的面积来估算。

是否有蓄水层是采用跨季节蓄能的第二个标准。总的来说，蓄水层出现在三角洲地区。荷兰是一个三角洲地区，80%以上的土壤包含蓄水层。

1m³/h的地下水可提供8~12kW的制冷量。一个双井构造系统大约可以产生100~120m³/h的地下水。这使得双井构造的系统具有最高1400kW的制冷量。更多的制冷量则需要更多的冷井和热井。

整个储存装置（井，泵，管道，施工，许可）的花费与井的容量密切相关。一个双井构造系统包括1m³/h地下水流量的投资成本大约在2500~3500欧元之间。为了降低每千瓦制冷量的成本，可以将抽水和回灌的温差控制在8~10K之间。

为了了解蓄水层蓄能的效益，必须进行技术和经济可行性研究。技术可行性主要取决于合适的蓄水层和建筑中制冷系统的合理设计。尤其是选择的温度水平和热交换器的尺寸应当满足蓄水层蓄能概念的特点。

经济的可行性首先取决于能源价格，即可节约的能源成本，其次是与传统制冷机组相比的蓄能系统中打井的投资成本。为了加深经济可行性的直观印象，表4-2-2列出了多项采用这种技术手段的荷兰建筑工程。

对大多数项目来说，回报期少于 6 年并且在某些情况下，蓄能系统的投资甚至低于常规装置的投资。

项目描述	新建筑或扩建或翻新	储存的冷量 [kW]	储存冷量的需求 [MWh/年]	蓄能装置	回报期 [年]	储存系统的投资成本 × € 1000	运行时间 [年]
'Groene Hart' 医院	扩建	600	310	空气处理装置	4.6	430	11
'Zuiderziekenhuis' 医院	翻新	500	300	空气处理装置	—	636	9
Head quarters Schiphol 机场	新建筑	2000	1130	干燥冷却器和空气处理装置	较低的投资	1070	8
Rijks 博物馆	翻新	1000	770	干燥冷却器	—	681	7
Maria 医院	扩建	1000	920	空气处理装置 + 干燥冷却器	3.5	680	7
Anova 办公大楼	新建筑 + 翻新	1550	580	热泵 + 干燥冷却器	1.8	772	8
Zwitserleven 办公大楼	新建筑	1300	875	热泵 + 空气处理装置	5.5	636	7
Philips 资产中心	翻新	2000	900	干燥冷却器	较低的投资	1163	7
外交部	翻新	500	440	冷却塔	1	350	6
女王塔办公楼	翻新	1650	824	热泵 + 空气处理装置	—		4
Alphen 市中心	新建筑	1700	765	热泵	4		3
Cisco 大楼	新建筑	3000	8370	热泵 + 冷却塔	4.1		3
'Oostelijke Handelskade' 市区	新建筑	8300	4980	热泵 + 地表水	6		5
'Paleiskwartier' 市区	新建筑	7000	3850	热泵 + 水池	5		3

荷兰一些蓄能工程的主要数据　　　　表 4-2-2

4.2.3　供热和制冷的结合

如果一座大楼的冷热需求基本平衡，使用热泵为空间供热是个不错的选择。蓄冷可作为热泵的热源，如图 4-2-7 所示。

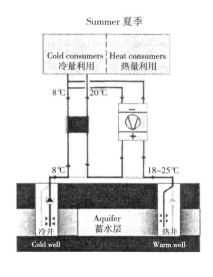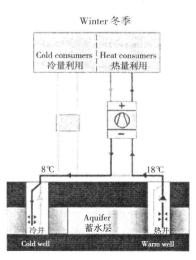

图 4-2-7　能量储存和热泵联合用于制冷和供热

在冬季，热泵运行，为建筑供热并另外产生冷量储存起来。在夏季，储存的冷量可以用来制冷。或是在夏季用电高峰时提供额外的制冷。

在荷兰 Amersfoort，Anova 保险办公大楼（占地面积 26000m²）是采用这个系统概念的第一个工程（表4-2-3）。

在原有的建筑进行扩建和翻新时，能效成为关键问题之一。为了降低能源需求，工程中采取了许多节能措施。例如：低能耗玻璃窗（U 值 < 1.8W/（m² · K）），自动照明控制，速度控制泵和通风换气热回收。但是我们不仅需要高能效，也需要一个舒适的室内环境。因此屋顶被应用于供热和制冷。每个房间都可以进行单独的温度控制。由于可以带来合适的温度水平，屋顶供热和制冷非常适合带有热泵和蓄能的系统。

Anova 办公大楼能源系统的主要数据　　　　　　　　　　表 4-2-3

蓄能：	热泵：
– 井的数量　2	– 设备数量　2
– 井的深度　240m	– 压缩机类型　螺杆
– 平均温度	– 制冷剂　R-407C
· 冷井　8℃	
· 热井　17℃	– 加热功率　2×462kW
– 制冷功率　2000 kW	– 设计温度　50/44–11/6℃
– 地下水流量　10–120m³/h	– COP 平均值　4.1
– 储存的能量　1000 MWh/y	

与传统的制冷机和燃气锅炉相比，供热和制冷结合的方式可以节约40% ～ 50% 的化石燃料。

该装置于 1996 年开始运行，同时运用了一个监控程序，结果显示热泵运行正常。如今已有数十个类似的工程付诸实施。把其中有些工程与传统的方法相比，可以看出热泵和蓄水层蓄能技术都是很有效的节约成本的方法。

4.3　采用蓄能、热泵和太阳能结合的创新实例

对于单体建筑和城镇区域来说，跨季节蓄能是一个非常有效的利用可持续能源的概念。跨季节蓄能克服了能源供求之间时间差。采用这种方法，冬天的冷量和夏天的太阳能热量都可以被利用起来。

当跨季节蓄能技术大规模应用于有着许多不同建筑的城市区域时，它可以为不同类型的建筑提供制冷和供热。住宅一般只需要供热和生活热水，而办公楼则需要更多的制冷。与热泵相结合的跨季节蓄能可以实现冷热交换，总的可以节省超过 50% 的化石燃料。

取自荷兰的 4 个例子将在下面加以论述：
- 新建房屋的蓄能和热泵结合系统；
- 房屋翻新工程的太阳能利用和储存；
- 包括商业建筑，住宅，商店等新建街区的太阳能利用，储存和热泵系统；
- 小型商务办公楼的蓄能技术和热泵的巧妙结合。

4.3.1　新建房屋的蓄能和热泵结合系统
住宅中已经实现了各种热泵系统的使用。传统上，荷兰的房屋一般安装高效

的燃气锅炉，并与荷兰密集的天然气网络相连。电驱动热泵已经成为越来越昂贵的选择。采用蓄水层蓄能结合热泵系统的主要原因是：节能。与锅炉相比，可节省 25% ~ 50% 的化石燃料。地方政府常常鼓励提高能效。给予开发商的优惠达到的节能效果比国家能源法的规定还要高。

　　虽然制冷在住宅中的应用不是很普遍，但它已经变得越来越受欢迎。结合蓄水层系统，冷量可以通过地下水来获取，同时产生的热量可以（部分）储存在热井中。

　　独立的加热泵适用于独栋住宅。热源是一个依靠集中蓄水层储存系统的公共低温网络。公寓楼通常使用中央热泵，并常常结合一个只在峰值才会用到的锅炉。一个普通新住宅的热量需求是：15GJ/ 年的供暖需热量和 7.3GJ/ 年的热水需热量。在荷兰，每公顷土地通常建造 30 ~ 50 栋房屋。蓄水层在夏季更容易再生。再生需要的太阳能由表层水（Broekpolder 工程）或者道路集热器（Heeteren 的工程，见图 4-3-1）进行收集。制冷会改善住宅的室内环境并会使蓄水层得到再生（大约 30%）。

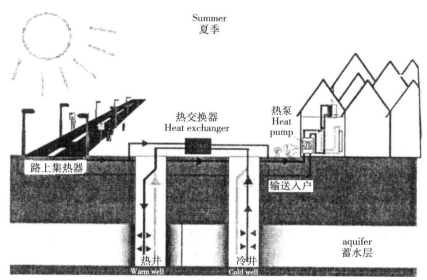

图 4-3-1　住宅中的集中蓄水层储存系统，可再生能源来自路旁安装的太阳能集热器

4.3.2　MW 工程：住宅更新工程中最节能的供热系统

　　2003 年 3 月，一个独特的能源系统开始运行。9 个街区的 382 套公寓利用太阳能来供热。为了实现太阳能的最佳利用，同时采用跨季节蓄能系统和热泵系统。与之前相比，公寓会节省 70% 的能量。这个项目的发起人是三家住宅公司和一家电力公司。预计该项目会成为现有住宅区一系列类似工程的首例。

　　1）大规模的翻新工程

　　一批有着 40 年历史的公寓通过扩建和翻新进行了升级。安装了新的厕所，浴室和厨房。其围护结构的热工性能通过墙体和楼板附加的保温隔热材料和新安装的低辐射玻璃窗得到了改善。结果原有的散热器加热系统的尺寸显得过大，因此可以在较低的温度下运行。这使得它们更加适合应用可持续的"低级别"能源。每套房屋内都安装了机械通风装置。有了这种设计，公寓原有散热器加热系统预计还可以维持至少 15 年以上。

2）供热系统

原先房屋内的水是通过独立的燃气热水器进行加热，但不设烟气排气管道。这些热水器必须换成其他更为方便的装置，以得到更多的热水供应。室内供暖是由每个街区的带有供热分配网络的中央锅炉来提供，这些锅炉也必须更换。

住宅公司原先计划为每套公寓安装独立的燃气锅炉来进行室内供暖和热水供应。然而，这个方案会占据原本不足的生活空间，因此对居民缺乏吸引力。因此，采用可持续能源的集中供热系统是一个很好的选择。住宅公司和地方政府都强烈支持这个方案并且与一个电力公司发起了合作意向。表4-3-1为工程的进度表。

工程进度表						表 4-3-1
	1998	1999	2000	2001	2002	2003
初步阶段	■	■				
能源研究、系统概念			■			
初步和最终设计、招投标				■		
开始施工					■	
交付使用						X

3）整体系统概念

该系统（图4-3-2）包括太阳能集热器（图4-3-3），短期储存设施，跨季节储存设施，热泵和峰值需求锅炉。夏季所需的生活热水的能量由太阳能集热器来提供。在9个住宅街区（平均每套公寓7.6m²）的屋顶上，安装了总计2850m²的太阳能集热器。每个住宅的街区都带有自己的储存设备，热泵和锅炉。夏季多余的热量以45℃的温度储存在中央蓄水层中。在冬季,热量被抽出主要用于预热,并且可作为热泵的热源。

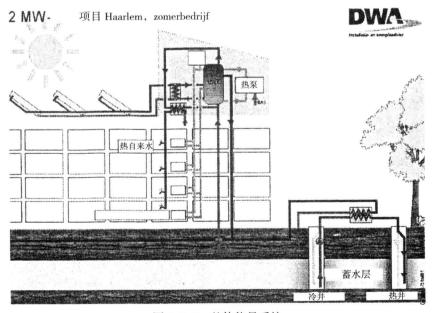

图 4-3-2　整体能量系统

4）热泵

在这个特殊的工程中，使用燃气热泵是很有意义的，因为已经具有了完善的天然气基础设施。现有的电力网络可能已经不够满足安装新的热泵系统。

在每个建有约 40 栋房屋的街区安装，每台冷凝器功率为 38kW 的两台吸收式热泵（图 4-3-4）。在这个功率范围内的燃气热泵是很容易找到的。这里使用的热泵是由意大利的 Robur 制造的。它们原先是带有风冷冷凝器的制冷机，但又为水/水型热泵进行了重新设计。根据厂商的介绍，该机组 COP 的范围在 1.4~1.6 之间，这与电驱动的热泵 COP 值类似（荷兰电力产品的平均效率为 39%）。

图 4-3-3　太阳能集热器阵列　　　　图 4-3-4　燃气吸收式热泵

蒸发器的进水温度可以上升到 30℃，加热泵可以很容易地提供 60℃ 的热水。这些参数使得整套设备非常适合住宅的翻新工程。另一个优点是吸收式热泵蒸发器的容量相对较小，大概只为电驱动热泵的一半。蓄水层蓄能系统（井、管道、和泵）所需的地下循环水量取决于所有热泵所需的蒸发器功率之和，因此从储存设备的投资成本考虑，选用较小的蒸发器容量是有利的。

5）热量储存

2MW- 的跨季节蓄能工程包括 2 个深度为 115m，每小时最大容量为 50m³ 的地下水井。热井的储存温度为 45℃。该温度是涉及以下参数的优化过程的结果：储存效率，选择的材料，集热器的产热量以及储存器的直接供热容量。

短期的热量储存在容积为 9.5m³ 的钢桶内完成。储存桶内的热量分层是影响合理操作的一个重要因素。在阳光充足的冬季，太阳能热量可以以相当高的温度被储存起来，用于室内供暖和生活热水的预热。

6）成本节约

在更新前，每套公寓的年天然气的消耗量是 1915m³。这个数字有望会下降至每年 565m³，降低了 70%。

能源系统的投资成本总计达到 530 万欧元。由于有补助，实际的投资会更低。对于居民来说，总的供热费用会有所降低。

4.3.3　新建街区太阳能、蓄能和热泵系统

Den Bosch 铁路西面的建筑区域重建时，Wolfsdonken 商务公园的改造是该项目的一部分。在这个区域将建造 135000m² 的商务建筑和 1200 栋公寓住宅。整个区域大约包括 17 个分区。新公园的焦点之一是制冷和供热的能源有效利用。热量由四管环路提供，与 5 个冷井和 5 个热井连接。在每个分区，热泵和峰值锅炉为室内供热和生活热水提供热量。热泵与地下水回路的"热"管相连。热泵蒸发器产生的冷量用于制冷。

由于有 4 根管道，冷热可以同时传递而不发生冲突。根据制冷供求之间的平衡，储存系统会在负载或非负载模式之间转换。总供热量为 15MW，制冷量为 7MW。

为了在夏天储存热量并使蓄水层保持热平衡，区域内的中央水池被用做太阳能集热器。

系统的第一期已经建成并且开始运行。全部工程将在 2006 年完成。

4.3.4　可持续的建筑设计、供热和制冷系统的结合

高绝热性玻璃极大地改善了建筑围护结构的整体质量，这使得设计师可以随意地布置室内的供暖部件，这种选择的自由度为取消散热器和室内对流设备创造了条件。把供暖、制冷和建筑结构相结合的做法是很有前景的，它可以节约空间，改善室内气候环境，完全符合可持续的供暖和制冷的概念，例如与热泵相结合的蓄水层蓄能系统。实践经验和监控结果证明了地板辐射采暖是可行的。

1999 年建成的 De Thermo-Staete（图 4-3-5）是一座办公楼（总面积 2000m^2），它的格言是："更多＋更少"，即更多的人文亲和力加上更少的环境负担以及非常低的能耗。对日光的广泛利用给大楼带来了以往没有的变化体验，而人工照明的耗电量减少了 60%，达到平均 4W/m^2。

图 4-3-5　第一个采用 Wing⁺ 楼板的办公建筑 "De Thermo-Staete"

一个有着良好的保温隔热性能的外围护结构加上通风系统的高效热回收，供热功率会减少到 54kW。3 个结合热泵的蓄水层蓄能系统在冬季为房屋供暖。

在夏季，蓄水层系统提供所有的冷量。蓄水层蓄能系统的设计目标是简单耐用，这样的供热和制冷系统同样适合于小型工程。

4.3.5　与建筑结构相结合的供热和制冷系统

在荷兰，各种楼板系统已经和供热和制冷结合为一体了。首先是 Wing⁺ 楼板（图 4-3-6）。这种预制混凝土楼板为一块 30cm 长 60cm 宽 10cm 厚的空心平板。侧翼上方的空间减少了大约 40% 的重量，使板的跨度增加到 10m（加上 40cm 的板厚，甚至可以达到 14.5m）。

塑料管道安装在加固杆上并且塑形。楼板底面与管道中心线之间的距离大约为 6cm。在施工

图 4-3-6　Wing⁺ 楼板整合了许多技术装置

阶段，预制楼板元件的管道与冷热水主管相连。所有的技术装置，像管道，电缆，通风都结合在 Wing⁺ 楼板里。加上饰面层和地毯，整个构件的厚度只有 34cm。

1）设计方面

楼板辐射采暖不能设吊顶，因为楼板和房间之间的能量交换会受到阻碍。顶棚的噪声衰减必须进行补偿，这必须要从设计的一开始就考虑进去。声学面板可以挂在墙上。另外的解决方法是在顶棚下面设置声屏障或声岛。

其次，出于美观的原因，人工照明电枢最好不要安装在顶棚上，这样可以避免由于钻孔而引起的管道泄漏。

建筑的围护结构应当满足保温隔热的规范，以防止任何泄漏造成的不舒适感。作为质量控制的措施之一，我们引入了红外线测量。这是一种预防故障发生的有效工具，如果发生了故障，也可以用它进行诊断。

要预测带有大面积玻璃幕房间的舒适性程度，采用例如计算流体力学 (CFD) 的现代计算工具是非常有必要的。特别是对于第一个楼板热辐射工程，了解建筑的物理特性并找出应用方面的限制是非常重要的。

2）温度水平

热辐射楼板具有很大的热交换表面。这样就可以通过较低的表面温度获得相同的能量转换。采用顶棚供暖的热交换系数为 4W/（m^2K）。一栋有着良好保温隔热效果的外围护结构（R_c=3.5m^2K/W）和 40% 低辐射玻璃窗 [总 U 值 =1.6W/（m^2K）] 的建筑，在室外温度为 –10℃的稳定状态下需要 12W/m^2 的热交换量。如图 4-3-7 所示，当管道中的水温最高为 27℃ ~ 28℃时，顶棚的温度最高不超过 24℃。

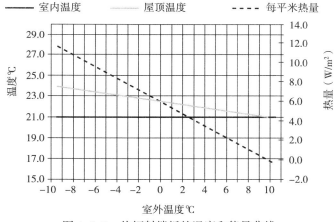

图 4-3-7　热辐射楼板的温度和能量曲线

3）自控

当顶棚的表面温度只比室内温度高几度时，热量交换对室内温度的变化影响很大。室内温度每升高 1 度，会减少大约 50% 的热量交换。这种效果对于获得一个稳定的温度是非常有用的。另一方面很明显的是，带有 50℃和以上温度的多余散热器会破坏这种自控效果。

4）缓冲量

楼板的"热量感应度"（thermal visibility），可以带来很大的缓冲量。顶棚里 2.9cm 的混凝土层的缓冲量要比楼板与顶棚之间 2.9m 的空气层多 17 倍。这取决于室内占有率，太阳能辐射等的热负荷的峰值都会随着时间的推移变得平缓。对工程师来说，它意味着另外一种思维方式。日常的冷量需求（用 MJ 表示）取代了峰值制冷负荷，成了主导因素。人们会决定只在夜晚能源价格较低的时候开启制冷设备。当每天 24 小时都需要制冷时，需要的冷量只是传统值的 60%。这对于可持续的制冷系统来说，在降低投资成本方面具有一定的吸引力。

5）经验

以上谈到的 De Thermo-Staete 办公楼，是通过 3 台小型热泵进行供热的，每台热泵冷凝器的容量是 18kW。27W/m² 的供热功率可以满足热量需求。提供的热水温度保持在 30℃以下。

夏季，只需要 32W/m² 的制冷功率，就可以使室内温度保持在 21℃~23℃之间。一个独立的机构对全体使用者进行了民意测验，使用者给室内舒适度打了 8 分。

6）整体设计方法的优点

由于采用了可持续供热和制冷，并对建筑和技术装置进行了整体设计，建筑能耗得到了大幅度的降低。De Thermo-Staete 是荷兰最节能的办公建筑，有着很舒适的室内气候环境。能耗是以 3 年的时间来衡量的，结果是比能量法规制定的标准降低了 60%。

除了每年的电力消耗，电力的峰值也降低了很多。这可以通过制冷装置的电力峰值看出来：

- 2000m² 建筑，传统制冷机组的装置：　　37 kW（=100%）
- 蓄水层蓄能系统，传统建筑：　　　　　 4 kW（=11%）
- 蓄水层蓄能系统结合热辐射楼板：　　　 2.4 kW（=7%）

4.3.6　可持续供热和制冷的市场推广

在荷兰，跨季节蓄能的市场推广已经进行了大约 10 年。1988 年开始的时候，注意力大部分集中在技术开发，市场研究和示范工程的推广上。在起步阶段打造成功的工程是很重要的。获得设计工具和掌握相关的技术是重要的成功因素，应当得到政府的支持。以下分别列出目标群和行为：

目标群	行为/着重点
负责人	综合信息，技术能效，可行性和可靠性，PR 方面
顾问、机械工程师	设计路线，工作车间，协助可行性研究
安装人员	设计进程，工作车间，地下水系统的测试和控制软件的说明
项目开发人员	综合信息，示范可行性，项目管理说明
经理、维修工程师	系统的可靠性，井维护方面的技术转换
地方政府	综合信息，规划

4.4　结论

1) 为了提供高能效，创造舒适的室内环境，并且获得一个良好的工作场所和减少生产力的损耗，可持续的供热和制冷技术是不能被忽视的。

2) 太阳能或者其他废热可以为二级干燥蒸发式冷却系统（DEC）提供热源，适用于中国相对湿度较低的地区（例如西安和郑州）。

3) 土壤（蓄水层）的跨季节蓄能是一种可以实现可持续能量系统的经济有效的技术。在中国，就气候来说，北纬 33° 以北的地区比较合适。就土壤来说，黄海周围的三角洲地区最合适。

第5章 国家可持续与低能耗建筑示范工程[①]

5.1 综述

"可持续和低能耗建筑示范工程"建成的 44 个示范项目，完整地展示了荷兰从可持续建筑概念提出、到付诸实践的全过程，反映了荷兰可持续建筑所采用的技术标准、技术措施和创新手段。示范工程的住宅类项目，多为连排住宅的形式，建筑平均层数 2 层左右，既有廉租房，也有经济适用房和产权房，体现了荷兰住房的供应特点和居住方式特点，也展示了可持续建筑设计方法和技术的创新。示范工程的公建类项目，没有超大的体量和规模，有新建项目，也有改造项目，但都有设计精心、到位的共性，很好地诠释和发展了"健康建筑"的可持续建筑理念。

5.2 示范工程

5.2.1 经济适用和可持续住宅

工程造价：每套住宅 121511 荷兰盾。其中可持续建筑措施增加的造价为 3538 荷兰盾/套，占工程总造价的 3%。主要包括：热回收通风设备 1160 荷兰盾/套，木结构承重体系 429 荷兰盾/套，采暖空间使用的高性能保温窗 344 荷兰盾/套。造价不含增值税（图 5-2-1、5-2-2）。

规模：21 套出租房。1996 年 11 月~1997 年 2 月建成。

热工性能：楼板、外墙、屋面热阻均为 3.0m²K/W。

通风系统：热回收通风设备效率 65%，气密性 0.724dm³/s/m²，外窗玻璃 U 值 1.9W/m²K。

热水和采暖：高效燃气锅炉。

* 项目信息表

PROJECT DATA

Commissioned by:
S.W.B. Sint Jozef, Alphen aan den Rijn

Architect:
Van der Breggen Architekt BV
Alphen aan den Rijn

Contractor:
R.A. van Leeuwen Bouwbedrijf BV

Location:
Alphen aan den Rijn

Number of rented dwellings: 21

Completion date:
November 1996 - February 1997

Further information:
Van der Breggen Architekt BV
Postbus 2140
2400 CC Alphen aan den Rijn
phone +31 (0)172 - 43 32 55

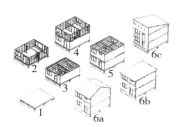   

图 5-2-1 工厂预制木结构住宅施工流程示意
施工流程依次为 1 → 2 → 3 → 4 → 5 → 6a → 6b → 6c
来源：Novem. Sustainable Building – Framworks for the Future. 2000

图 5-2-2 木结构排架和住宅外观
注：住宅采用木结构建筑体系，主体结构构件（如屋架、承重排架等）全部工厂化预制，不仅使结构荷载减轻，建筑材料用量也大为减少，同时建筑垃圾产生量获得有效控制，并且施工工期大大缩短，建造成本有所下降。住宅设计灵活，适应性强，可根据未来使用需要，对内部空间重新划分。
来源：Novem. Sustainable Building – Framworks for the Future. 2000

---

① 本章根据荷兰能源与环境总署编 Sustainable Building–Frameworks for the Future 的部分内容编著。
*：本章所有"项目信息表"内容的中英文对照表见 5.3 附录。

项目信息表

PROJECT DATA

Commissioned by (106 dwellings):
Achtgoed Wonen en Bouwen, Amersfoort

Project developer (31 dwellings):
Thomasson Dura BV, Hengelo

Architect:
ARTèS Architecten en adviseurs, Groningen

Sustainable building consultant:
NIBE, Bussum

Contractor:
Thomasson Dura BV, Hengelo

Location: Amersfoort

Number of dwellings:
82 owner-occupied dwellings
55 rented dwellings

Completion date:
1996 (first phase)
1998 (second phase)

Further information:
Achtgoed Wonen en Bouwen
Postbus 436
3800 AK Amersfoort
Phone +31 (0)33 - 479 19 00

5.2.2　太阳能住宅

工程造价：每套住宅 126635 荷兰盾。其中可持续建筑措施增加的造价为 10000 荷兰盾/套，占每套住宅造价的 8%，主要包括：太阳能锅炉 3987 荷兰盾/套，木屋架 1154 荷兰盾/套。产权房的售价在每套 159000 ~ 311500 荷兰盾之间，廉租房的起租价为 750 荷兰盾/月/套，造价不含增值税（图 5-2-3、5-2-4）。

规模：82 套产权房，55 套出租房。一期 1996 年建成，二期 1998 年建成。

热工性能：楼板、外墙、屋面热阻均为 3.0m²K/W，气密性 0.567dm³/s/m²，外窗玻璃 U 值 1.4W/m²K。

通风系统：产权房设有热回收通风设备，效率 65%；其余住宅采用自然通风和机械排风相结合的混合通风系统。

热水和采暖：产权房使用高效太阳能辅助燃气锅炉，效率 85%；其余住宅使用普通太阳能辅助燃气锅炉。

图 5-2-3　太阳能住宅南立面　　　　　　图 5-2-4　太阳能住宅外观
来源：Novem. Sustainable Building – Framworks for the Future. 2000　　　来源：Novem. Sustainable Building – Framworks for the Future. 2000

5.2.3　新地体育中心

工程造价：总造价 450 万荷兰盾。其中可持续建筑措施增加的造价（包括增值税）为 55 万荷兰盾，占工程总造价的 12%，主要包括：热回收（Kantherm 系统）系统 7 万荷兰盾，运动大厅自然采光系统 1 万荷兰盾，热回收通风系统 6000 荷兰盾之间，上述造价均未含增值税（图 5-2-5、5-2-6）。

图 5-2-5　Nieuwland 体育中心全貌
注：项目采用矩形平面、锯齿形屋面设计，锯齿屋面保证了室内获得间接、漫射的自然采光，并以最佳倾角安装光伏电池和集热器。锯齿屋面和连廊顶棚则分别用了 425m²、105m² 的光伏电池和 16m² 的集热器，其中光伏系统的年发电量约 4.58 万 kWh，全部并网使用，热水系统可为体育中心提供洗浴用热水。项目还应用了智能化采光控制系统，减少电耗。
来源：Novem. Sustainable Building – Framworks for the Future. 2000

图 5-2-6　锯齿形天窗的采光效果和连廊顶棚上的光伏电池

来源：Novem. Sustainable Building – Framworks for the Future. 2000

规模：总建筑面积约 2050m²。1999 年 10 月建成。

热工性能：楼板、外墙、屋面热阻均为 3.0m²K/W；气密性 0.200dm³/s/m²；标准双层玻璃幕墙 U 值 2.1W/m²K，高性能保温玻璃幕墙 U 值 1.6W/m²K，标准双层窗 U 值 2.2W/m²K，高性能保温窗 U 值 1.8W/m²K。

通风系统：采用机械送风和排风，带热回收装置。

采暖：运动大厅采用热辐射板采暖，其余空间使用暖气片低温供热。

热水：由太阳能锅炉供应，辅助高效燃气锅炉。

5.2.4　市水务局地段更新

工程造价：每套住宅 12.26 万荷兰盾，住宅起租价 740 荷兰盾 / 月 / 套。用于可持续建筑措施的造价为 1647 荷兰盾 / 套，占工程总造价的 2%，主要包括：雨水收集系统 1500 荷兰盾 / 套，EPDM 屋面 590 荷兰盾 / 套，采暖空间的高性能保温窗、幕墙 508 荷兰盾 / 套。采用可持续建筑措施增加的造价为 1647 荷兰盾 / 套，造价不含增值税（图 5-2-7、5-2-8、5-2-9、5-2-10）。

项目信息表

PROJECT DATA

Commissioned by:
NV SRO Amersfoort

Architects:
S.I. Weerstra, Meulenbelt Weerstra
Architekten, Drachten

Contractor:
Heilijgers Bouw b.v., Amersfoort

Installations consultant:
Deerns raadgevende ingenieurs b.v., Rijswijk

Constructions consultant:
Ingenieursbureau Boorsma b.v., Amersfoort

Sustainable building consultant:
BOOM, Delft

Location: Amersfoort

Gross floor area: approximately 2,050 m²

Completion date: October 1999

Further information:
NV SRO
Postbus 167
3800 AD Amersfoort
Phone +31 (0)33 - 422 51 00

图 5-2-7　小区总平面图（5 号楼位于中部）

注：小区场地保留了原有的结构形态，一些有历史意义的建筑物和构筑物也被完整地保留下来，如水塔和泵房等。雨水收集等与水务有关的细节，成为小区的亮点。小区安排了 5 个容积为 2000L 的雨水收集箱，蓄水总量 10000L，用于冲洗厕所，使小区的自来水用量减少 50%，节水效果明显。另外，小区内还为没有私家花园的多层住户安排了可租赁的花园，花园之间用绿篱隔开，形成一个个"绿岛"。

来源：Novem. De Zon in stedenbouw en architectuur. 2000

项目信息表

PROJECT data

Commissioned by:
Stichting ECO-plan, Amsterdam

Initiated by:
Westerpark district council, Amsterdam

Urban development plan:
Architectenbureau Kees Christiaanse
Rotterdam

Architects for Block 5:
Meyer en Van Schooten Architecten
Amsterdam

Sustainable building consultants:
BOOM, Delft

Location: Westerpark, Amsterdam

Contractor: IBC Muwi Amersfoort BV
Amersfoort

Number of dwellings: 24 rented dwellings

Completion date: October 1997

Further information:
Stichting ECO-plan Amsterdam
p/a Woningstichting Zomers Buiten
Baden Powellweg 263
1069 LH Amsterdam
Phone + 31 (0)20 - 667 88 00

图 5-2-8　场地内原有的水塔和泵房得以保留
来源：Novem. Sustainable Building – Framworks for the Future. 2000

图 5-2-9　租赁花园和私家花园有各自的
绿篱

来源：Novem. Sustainable Building – Framworks
for the Future. 2000

图 5-2-10　新建的多层住宅
来源：Novem. De Zon in stedenbouw en architectuur. 2000

　　规模：24 套出租房。1997 年 10 月建成。
　　热工性能：楼板、外墙、屋面热阻均为 2.5m²K/W，气密性 1.430dm³/s/m²，外窗玻璃 U 值 1.3W/m²K。
　　通风系统：自然进风、机械排风。
　　热水和采暖：区域供热。

项目信息表

PROJECT data

Commissioned by:
Arnhem municipality, CEWES department,
Arnhem

Architect:
Inbo Architecten bna, Eindhoven

Sustainable building consultant:
Inbo Adviseurs Bouw, Woudenberg

Installation consultant:
Nelissen ingenieursburo voor bouwfysica
en installatietechniek b.v., Eindhoven

Location: Arnhem

Gross floor area: around 3,165 m²

Completion date: July 1998

Further information:
Gemeente Arnhem
Broerenstraat 53
6811 EB Arnhem
Phone +31 (0)26 - 377 49 94

5.2.5　学校综合体

　　工程造价：主楼和多功能体育馆的总造价 451.2 万荷兰盾，约合 1426 荷兰盾 /m² 使用面积。采用可持续建筑措施增加的造价约为 40.15 万荷兰盾，占工程总造价的 9%。主要包括：热回收（Kantherm 系统）系统 7 万荷兰盾，运动大厅自然采光系统 1 万荷兰盾，热回收通风系统 6000 荷兰盾之间，上述造价均未含增值税（图 5-2-11、5-2-12）。
　　规模：总建筑面积约 3165m²。1998 年 7 月建成。
　　热工性能：楼板、外墙、屋面热阻均为 3.0m²K/W；气密性 0.200dm³/s/m²；标准双层玻璃幕墙 U 值 2.1W/m²K，高性能保温玻璃幕墙 U 值 1.6W/m²K，标准双层窗 U 值 2.2W/m²K，高性能保温窗 U 值 1.8W/m²K。
　　通风系统：采用机械送风和排风，带热回收装置。
　　采暖：运动大厅采用热辐射板采暖，其余空间使用暖气片低温供热。
　　热水：由太阳能锅炉供应，辅助高效燃气锅炉。

图 5-2-11 灵活隔断为空间的使用创造了多种可能性

注：由于内部采用灵活隔断，教学楼可以随时根据需要，转为居住功能；主楼可以同时用作学校不同的独立使用空间；多功能体育馆不仅用于体育锻炼，还作为教堂或社区活动中心使用。这种设计手法，有效扩展了建筑的功能，增强了建筑的可持续力。

来源：Novem. Sustainable Building – Framworks for the Future. 2000 下同

图 5-2-12 主楼的一侧可以看到室外活动场地，另一侧则可以看到花园

5.2.6 社会保障住宅和产权住宅

工程造价：图 5-2-13、5-2-14、5-2-15 所示，每套住宅 187,100 荷兰盾。其中可持续建筑措施增加的造价为 12741 荷兰盾 / 套，占每套住宅造价的 6.8%，主要包括：供厕所和洗衣机用的雨水系统 6248 荷兰盾 / 套，可供生活热水的太阳能空气集热器 2678 荷兰盾 / 套，太阳能锅炉 3213 荷兰盾 / 套。房屋租金平均为 726 荷兰盾 / 月 / 套。

规模：1998 年 12 月 ~1999 年 1 月建成。

热工性能：楼板热阻为 3.5m²K/W，外墙热阻为 3.0~3.5m²K/W，屋面热阻为 2.5~3.5m²K/W，气密性 0.250~0.845dm³/s/m²，外窗玻璃 U 值 1.4W/m²K。

通风系统：设有热回收通风设备。

热水和采暖：每户设有不同类型的热水供应设备，包括带有热泵的联合高效锅炉和带有空气集热器的高效锅炉。

项目信息表

PROJECT DATA

Commissioned by:
Regionale Zeeuwsch-Vlaamse
Woningbouwvereniging, Axel

Architects:
Architectenbureau De Putter BB, Goes
in collaboration with Architectenbureau
Kempe De Bruijne b.v., Terneuzen

Main contractor:
Sprangers Bouwbedrijf b.v., Breda

Subcontractor:
Kerckhovens Bouwbedrijf b.v., Kloosterzande

Installation advisor:
DUBOurgraaf b.v., Goes

Location: Axel

Completion date:
December 1998 – January 1999

Further information:
Regionale Zeeuwsch-Vlaamse
Woningbouwvereniging
Postbus 35
4570 AA Axel
Phone+31 (0)115 ~ 56 85 00

图 5-2-13 建筑外观　　　图 5-2-14 屋面上装有太阳能集热器　　　图 5-2-15 内部中庭，可提供部分预热的新风

项目信息表

Project data

Commissioned by: Pré Woondiensten, Haarlem
(previously: Woningstichting Randstad)

Architect:
Architectenbureau Nico H. Andriessen, Haarlem

Sustainable building consultants:
Boom S/I, Delft
Energiebedrijf Zuid-Kennemerland, Haamstede

Contractor:
Building contractor Teerenstra, Heiloo

Technical design:
Bureau Strackee, Amsterdam

Installation company: Bruijnse, Castricum

Location: Bennebroek

Number of rented dwellings: 11

Completion date: May 1997

Further information:
Pré Woondiensten
Postbus 2008
2002 CA Haarlem
phone: +31 (0)23 - 54 10 410

5.2.7　学校建筑改为老年公寓

工程造价：如图 5-2-16、5-2-17、5-2-18 所示，每套住宅 243113 荷兰盾。其中可持续建筑措施增加的造价为 14457 荷兰盾/套，占每套住宅造价的 6%，主要包括（整个工程）：热回收系统 43241 荷兰盾，环形供热干网 27340 荷兰盾，小型热力/电力单元 17250 荷兰盾，雨水系统 16445 荷兰盾。房屋租金约为 750 荷兰盾/月/套，造价不含增值税。

规模：11 套出租房。1997 年 5 月建成。

热工性能：楼板热阻为 3.5m²K/W，外墙热阻为 3.0m²K/W，屋面热阻为 3.7m²K/W，气密性 0.900dm³/s/m²，外窗玻璃 U 值 1.1W/m²K。

通风系统：设有独立的热回收通风设备，效率 65%。

热水和采暖：采用了电力/热力单元集成系统、太阳能、2 个高效锅炉。

图 5-2-16　建在一所学校废址上的 11 套住宅

项目信息表

Project data

Commissioned by:
Algemene Woonstichting Breda, Breda
Stichting Elizabeth, Breda

Architect:
Architectenbureau
Oomen Kohlmann Waltjen b.v., Breda

Installation consultant:
Quintis b.v., Baarn

Contractor (architectural):
Bouwbedrijf Van der Linden
Sint-Michielsgestel

Contractor (installations): Harry Immens
9000 b.v., Sint-Michielsgestel

Location: Breda

Number of sheltered housing units: 85

Number of care apartments: 66

Completion date: Spring 1999

Further information:
Algemene Woonstichting Breda
Postbus 6905
4802 HX Breda
Phone +31 (0)76 - 541 14 40

图 5-2-17　屋面上装有太阳能集热器

图 5-2-18　内部庭院四周的木框架玻璃围廊，其作用相当于温室

5.2.8　福利院

工程造价：工程总造价 20675625 荷兰盾。其中可持续建筑措施增加的造价为 5030 荷兰盾/套，占每套住宅造价的 3.7%，主要包括：HR++ 玻璃（85 套遮阳户型 42000 荷兰盾）494 荷兰盾/套，框架节点处的密封构造 15000 荷兰盾，太阳能锅炉 80,920 荷兰盾。房屋租金为 725 荷兰盾/月/套，除租金以外，其他造价均不含增值税（图 5-2-19、5-2-20、5-2-21）。

规模：85 套遮阳住宅，66 套护理公寓。1999 年春建成。

图 5-2-19　建筑外观

图 5-2-20　内部中庭

图 5-2-21　室内采用了经过可持续工艺加工的松木

热工性能：楼板、山墙、屋面热阻均为 3.0m²K/W，纵向外墙热阻为 3.5m²K/W，气密性 0.778dm³/s/m²，外窗玻璃 U 值 1.1W/m²K。

通风系统：护理部分采用带有热回收的热压通风系统，住宅部分采用自然进风和机械排风相结合的混合通风系统。

热水和采暖：护理部分采用 7 个高效 60W 锅炉，33m² 的太阳能集热器，容量 1500L 的贮水池；住宅部分采用 7 个高效 60W 锅炉，65m² 的太阳能集热器，容量 2500L 的贮水池。

5.2.9　生态办公楼

工程造价：工程总造价 4100000 荷兰盾（不含增值税和土地成本），平均下来每平方米建筑面积造价为 2548 荷兰盾 /m²。其中可持续建筑措施增加的造价占总造价的 8%，主要包括：生态墙体 54000 荷兰盾，不含 PVC 的电线 40000 荷兰盾，种植屋面 29000 荷兰盾，空气扩散器 12000 荷兰盾，如图 5-2-22、5-2-33、5-2-24 所示。

规模：总建筑面积 1609m²。1996 年 5 月建成。

热工性能：楼板热阻为 3.6m²K/W，外墙热阻为 4.0~6.2m²K/W，屋面热阻为 5.1m²K/W，气密性 0.250dm³/s/m²，外窗玻璃 U 值 1.5W/m²K，斜向天窗 U 值 < 2.8W/m²K。

通风系统：采用混合式通风系统，效率 70%。夏天自然进风、机械排风；冬天机械通风，辅以空气扩散器，并进行热回收。

热水和采暖：采用低 NO_x 的高效锅炉供暖，采用太阳能集热器（4m²）和太阳能锅炉供应生活热水。

项目信息表

PROJECT·DATA

Commissioned by:
E-office, Bunnik

Financier and owner:
Triodos Groenfonds, Zeist

Architect:
ORTA Atelier, Bunnik

Sustainable building consultant:
E-Connection Consultants bv, Bunnik

Systems consultant:
DHV AIB, Amersfoort

Contractor: Aalberts bv, Loosdrecht

Installers: Kropman, Utrecht

Location: Bunnik

Gross floor area: 1,609 m²

Completion date: May 1996

Further information:
E-Connection
Postbus 101
3980 CC Bunnik
Phone +31 (0)30 - 659 80 00

图 5-2-22　建筑外观，可见种植屋面与太阳能集热器

图 5-2-23　照明与遮阳系统可由红外开关控制

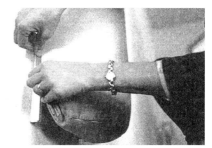

图 5-2-24　由生态棉制成的软包可以过滤室外空气

项目信息表

PROJECT DATA

Commissioned by: Vestia Delft, Delft

Project coordination: Ceres Projects, Rijswijk

Architects:
B. Zijlema, Bouwhulp Architecten, Eindhoven

Contractor:
Bouwcombinatie Delfgrauw v.o.f., Delfgrauw

Sustainable building consultant:
DHV-AIB b.v., Amersfoort

Location: Delft

Number of residential properties:
184 rented residential properties

Completion date:
December 1998 - December 1999

Further information:
Vestia Delft
Postbus 5079
2600 GB Delft
Phone +31 (0)15 - 215 11 82

Ceres Projects
Postbus 1050
2280 CB Rijswijk
Phone +31 (0) 70 - 413 63 53

5.2.10　住宅小区

工程造价：每套住宅 71959 荷兰盾。其中可持续建筑措施增加的造价为 13980 荷兰盾 / 套，占每套住宅造价的 19.4%，这部分比例之所以很高，是由于需要在既有结构中进行保温隔热和通风改造，主要包括：机械通风约 2100 荷兰盾 / 套，户间隔声 2170 荷兰盾 / 套，后墙的保温隔热 1950 荷兰盾 / 套，高效玻璃 1135 荷兰盾 / 套，如图 5-2-25、图 5-2-26 所示。

规模：184 套出租房。1998 年 12 月 ~1999 年 12 月建成。

热工性能：楼板热阻为 2.1m²K/W，外墙热阻为 2.9m²K/W，屋面热阻为 2.6m²K/W，气密性 2.413dm³/s/m²，HR⁺⁺ 玻璃 U 值 1.2~1.4W/m²K。

通风系统：自然进风、机械排风。

热水和采暖：保留了既有的改良生产锅炉。

图 5-2-25　改造前的住宅（建于 20 世纪）　　　图 5-2-26　改造后的住宅

5.2.11　居住办公综合体

工程造价：可持续建筑措施增加的造价为 560000 荷兰盾，折合为 14360 荷兰盾 / 套，主要用于复杂的立面、屋顶改造和温室改造（封阳台）。公寓部分的租金为 575~768 荷兰盾 / 月 / 套。每套住宅的销售价为 156000~220000 荷兰盾，如图 5-2-27、5-2-28、5-2-29、5-2-30 所示。

规模：21 套出租房，18 套产权房。新建建筑 1998 年春建成，既有建筑 1998 年夏完成改造，办公区 1998 年 11 月建成。

项目信息表

PROJECT DATA

Commissioned by:
Vestia Den Haag Zuid-Oost (previously: Woningbedrijf Den Haag Zuid-Oost)

Project management:
WDC Consulting, Rotterdam

Architect: MBP Architects, Delft

Contractor:
Kanters Bouwbedrijf B.V., Puttershoek

Public utility company:
ENECO, Energiebedrijf Den Haag, Voorburg

Location: The Hague

Number of residential properties:
21 rented flats
18 owner-occupied apartments

Completion date:
(new buildings) spring 1998
(old building) summer 1998
(company premises) November 1998

Further information:
Vestia Den Haag Zuid-Oost
Postbus 561
2501 CN The Hague
Phone +31 (0)70 - 361 05 10

图 5-2-27　建筑外观　　　　　　图 5-2-28　庭院中设有诏生植物池，可以净化来自于洗衣机房的中水

图 5-2-29　用于收集雨水的容量为 40m³ 的　　图 5-2-30　5 台热泵为建筑提供采暖和生活热水
　　　　　　混凝土蓄水池

　　热工性能：楼板热阻为 3.1m²K/W，外墙热阻为 3.2m²K/W，屋面热阻为 3.5m²K/W，气密性 0.625dm³/s/m²，外窗玻璃 U 值 1.8W/m²K。

　　通风系统：自然进风（通过立面上的格栅）、机械排风。

　　热水：联合热水供应系统、热泵、辅助电加热设备。

　　采暖：联合热泵、低温辐射采暖系统、大型散热装置。

5.2.12　独立式产权住宅

　　工程造价：可持续建筑措施增加的造价为 7535 荷兰盾 / 套，主要包括：大出挑屋面 2732 荷兰盾 / 套，采暖区域的高效玻璃 688 荷兰盾 / 套，低温辐射采暖系统 357 荷兰盾 / 套。每套住宅的销售价为 280000 荷兰盾如图 5-2-31、5-2-32、5-2-33 所示。

　　规模：74 套产权房。1998 年 3 月建成。

　　热工性能：楼板热阻为 3.5m²K/W，外墙热阻为 3.0m²K/W，屋面热阻为 3.5m²K/W，气密性 0.81dm³/s/m²，外窗玻璃 U 值 1.11~1.80W/m²K。

　　通风系统：自然进风（通过外墙隔栅）、机械排风。

　　热水和采暖：公共热泵、地板采暖、大型散热装置。

图 5-2-31　住宅外观

项目信息表

PROJECT DATA

Commissioned by:
Woningbedrijf Den Haag Zuid-West
(now known as Vestia Den Haag Zuid-West)
The Hague
Woonkubus (now known as Ceres projecten)
Rijswijk

Architects:
Splinter Architecten BV, The Hague

Sustainable building consultants:
W/E Adviseurs Duurzaam Bouwen, Gouda

Contractor:
IBC Muwi Rotterdam B.V., Rotterdam

Location: The Hague

Completion date: March 1998

Number of dwellings:
74 owner-occupied dwellings

Further information:
Vestia Den Haag Zuid-West
Postbus 43015
2504 AA The Hague
Phone + 31 (0)70 - 321 53 53

图 5-2-32　出挑深远的檐口为立面提供庇护　　　图 5-2-33　住宅采用了低温辐射供暖系统

5.2.13　半独立式住宅

　　工程造价：工程总造价为 12081020 荷兰盾，用于可持续建筑措施的造价为 25200 荷兰盾/套，主要包括：太阳能集热器与锅炉 3927 荷兰盾/套，第二套供水系统 1800 荷兰盾/套，大出挑屋面 7571 荷兰盾/套，花园一面的风屏障 7914 荷兰盾/套。每套住宅销售价为 205213~285106 荷兰盾/套。价格不含增值税，如图 5-2-34、5-2-35。

　　规模：46 套产权房。1997 年 9~10 月建成。

　　热工性能：楼板热阻为 3.1m²K/W，石材外墙热阻为 3.8m²K/W，板材外墙热阻为 2.5m²K/W，斜屋面热阻为 3.5m²K/W，平屋面热阻为 2.7m²K/W，气密性 1.124dm³/s/m²，外窗玻璃 U 值 1.9W/m²K。

　　通风系统：带有热回收的热压通风系统。

　　热水和采暖：高效锅炉、太阳能锅炉、2.8m² 的太阳能集热器。

项目信息表

PROJECT data

Commissioned by:
Westerwaard Wonen Den Helder BV

Architect:
BBHD Architectenburo BV, Schaagen

Sustainable building consultant:
BBHD Architectenburo BV, Schaagen

Contractor:
Aannemingsbedrijf Dozy B.V., Den Helder

Location: Den Helder

Number of owner-occupied dwellings: 46

Completion date: September/October 1997

Further information:
Westerwaard Wonen Den Helder BV
Postbus 90
1780 AB Den Helder
Phone +31 (0)223 - 67 76 77

图 5-2-34　住宅外观，对中水的利用可以节　　　图 5-2-35　出挑 800mm 的檐口为立面提供
　　　　　　省 30% 的饮用水　　　　　　　　　　　　　　　　庇护

5.2.14　产权住宅和公寓

　　工程造价：工程总造价为 2332320 荷兰盾。用于可持续建筑措施的造价为 31044 荷兰盾/套，主要包括：太阳能锅炉 3213 荷兰盾/套，平屋顶部位的 EPDM 屋面 2237 荷兰盾/套，生态电缆（bio-cable）2380 荷兰盾/套（国家计划之外的）。建成后，每套住宅售价为 223000~270000 荷兰盾/套，如图 5-2-36、5-2-37。

　　规模：16 套产权房，55 套出租房。1999 年 6 月建成。

　　热工性能：楼板热阻为 3.0m²K/W，外墙热阻为 2.5m²K/W，屋面热阻为 3.0m²K/W，气密性 1.319dm³/s/m²，外窗玻璃 U 值 1.5W/m²K。

图 5-2-36　所有住宅都围绕着中央庭院

图 5-2-37　种植屋面上装有太阳能集热器

项目信息表

PROJECT DATA

Commissioned by: Bouwbedrijf Van Campen Bouw/Zelhem B.V. Zelhem

Contractor: Bouwbedrijf Van Campen Bouw/Zelhem B.V. Zelhem

Architect:
Peter van Gerwen, Bureau voor Energie Ontwerp, Architectuur en Stedebouw, Amersfoort

Environmental building consultants:
Mourits Biobouw B.V., Halle

Sustainable building consultants for the local authority: Bügel Hajema Adviseurs, Assen

Location: Doetinchem

Number of dwellings:
16 owner-occupied dwellings
55 rented dwellings

Completion date: June 1999

Further information:
Bouwbedrijf Van Campen Bouw/Zelhem B.V.
Ruurloseweg 25
7201 HB Zelhem
Phone + 31 (0)314 - 62 28 82

通风系统：自然进风、机械排风。

热水和采暖：带有 2.8m² 太阳能集热器面积的太阳能锅炉、高效锅炉（95% 的效率，HR107）、墙体低温辐射采暖。

5.2.15　带底层办公的住宅

工程造价：可持续建筑措施增加的造价为 13000 荷兰盾 / 套，比国家计划超出了 3000 荷兰盾，主要包括：雨水收集系统 1500 荷兰盾 / 套，EPDM 屋面 590 荷兰盾 / 套，采暖空间的高性能保温窗、幕墙 508 荷兰盾 / 套。每套住宅的租金为 750~850 荷兰盾 / 月（不含服务成本），计价不含增值税，如图 5-2-38、5-2-39。

规模：51 套住房，7 套办公单元。1999 年 9 月建成。

热工性能：楼板热阻为 3.3m²K/W，外墙热阻为 3.5m²K/W，三层楼板热阻为 4.5m²K/W，屋面热阻为 6.5m²K/W，气密性 0.448dm³/s/m²，外窗玻璃 U 值 0.7W/m²K。

通风系统：自然进风、机械排风。

热水和采暖：2 台 25kW 的小型热电单元、3 个高效 107 锅炉（再供热及辅助供热）、外墙上 88m² 的太阳能集热器（带有 1000L 的蓄水箱）。

项目信息表

PROJECT DATA

Commissioned by:
Woningstichting Domijn
(previously: de Eendracht), Enschede

Architect:
George de Witte, Architectenbureau De Boer-De Witte, Enschede

Contractor:
Aannemerscombinatie E2000, Enschede

Urban development:
Gerard Jan Helling, Ordening & Advies Zandvoort

Location: Enschede

Number of residential properties: 51

Number of company premises: 7

Completion date: September 1999

Further information:
Woningstichting Domijn
Postbus 40063
7504 RB Enschede
Phone +31 (0)53 - 475 97 59

图 5-2-38　建筑外观，出挑的檐口可遮阳避雨

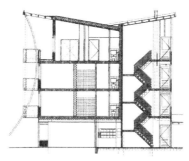

图 5-2-39　建筑纵剖面，交通空间及附属房间安排在北面

5.2.16　产权住宅

工程造价：工程总造价（不含土地成本）3724400 荷兰盾，独立住宅造价平均 291500 荷兰盾 / 套，半独立住宅造价平均 214100 荷兰盾 / 套。建成后住宅造价平均为 268723~393000 荷兰盾 / 套。用于可持续建筑措施的造价为 24600 荷兰盾 / 套，占工程总造价的 2%，主要包括：出挑屋面 5760 荷兰盾 / 套，太阳能锅炉 4700 荷兰盾 / 套，乙丙橡胶平屋面 140 荷兰盾 / 套。所有计价不含增值税，如

项目信息表

PROJECT DATA

Commissioned by:
Local authority Goes

Architect/sustainable building consultant:
Architectenbureau Archi Service, Den Bosch

Contractor:
Aannemingsbedrijf Fraanje B.V., Lewedorp

Location: Goes

Number of residential properties:
16 owner-occupied residential properties

Completion date: 1999

Further information:
Local authority Goes
Postbus 2118
4460 MC Goes
Phone +31 (0)113 - 24 97 06

图 5-2-40、5-2-41、5-2-42、5-2-43。

规模：16 套产权房。1999 年建成。

热工性能：楼板、外墙、屋面热阻均为 3.5m²K/W，气密性 1.5dm³/s/m²，外窗玻璃 U 值 1.3W/m²K。

通风系统：自然通风。

热水和采暖：太阳能锅炉、墙体辐射采暖。

图 5-2-40　16 栋住宅呈马蹄状散布在一个蓄水庭院的周围

图 5-2-41　所有住宅都采用了种植屋面

图 5-2-42　住宅南立面上的太阳能集热器

图 5-2-43　两层高的南向温室

5.2.17　住宅小区

工程造价：可持续建筑措施增加的造价为 5923 荷兰盾/套，这比国家计划中给出的参考成本多出了 1800 荷兰盾/套，主要包括：出挑的屋檐 4410 荷兰盾/套，改进的防风功能 750 荷兰盾/套，工程垃圾的独立处理 298 荷兰盾/套。补贴出租房的租金约为 650 荷兰盾/月/套，建成后，产权房的售价约为 142000~215000 荷兰盾/套，如图 5-2-44、5-2-45。

项目信息表

PROJECT DATA

Commissioned by:
Housing Assciation Gruno
(now: Nije Stee) Groningen

Architects and sustainable building
consultants:
Artès architecten en adviseurs, Groningen
AAS, Groningen

Initiative:
Vereniging Ecologisch Wonen Groningen

Location: Groningen

Contractor:
V.O.F. Waterland, Gorredijk (consisting of
Van Wijnen, Groningen en BML, Groningen)

Number of dwellings:
140 owner-occupied dwellings
26 rented dwellings

Completion date: 1996

Further information:
municipality of Groningen
Gedempte Zuiderdiep 98
9701 KB Groningen
Phone +31 (0)50 - 367 91 11

图 5-2-44　场地内的水道系统大部分被原封不动地保留了下来

图 5-2-45　宽阔的挑檐为门窗提供了遮阳及避雨

规模：140 套产权房，26 套出租房。1996 年建成。

热工性能：楼板、外墙、屋面热阻均为 3.0m²K/W，外窗玻璃 U 值 1.8W/m²K。

通风系统：自然进风、机械排风。

热水和采暖：低 NO_x 改良高效锅炉。

5.2.18　独立式产权住宅

工程造价：每套住宅 255314 荷兰盾（不含增值税），用于可持续建筑措施的造价为 19157 荷兰盾 / 套，占工程总造价的 7.5%，主要包括：太阳能锅炉 3987 荷兰盾 / 套，出挑屋檐 2880 荷兰盾 / 套，EPDM 覆面的木槽 2125 荷兰盾 / 套，乙丙橡胶屋面 1700 荷兰盾 / 套。建成后，每套住宅的售价为 272340 荷兰盾，如图 5-2-46、5-2-47。

规模：41 套产权房。1997、1998、1999 年建成。

热工性能：楼板热阻为 4.1m²K/W，外墙热阻为 3.45m²K/W，屋面热阻为 3.0m²K/W，气密性 1.132dm³/s/m²，外窗玻璃 U 值 1.1W/m²K。

通风系统：自然进风、机械排风。

热水和采暖：太阳能组合锅炉。

项目信息表

PROJECT DATA

Commissioned by:
Regional Council of North Groningen, Uithuizermeede

Architect:
ARTèS Architects and advisors, Groningen

Sustainable building consultant:
Artès Architects and advisors, Groningen

Contractor:
BV Bouwbedrijf Kooi, Appingedam

Locations:
Appingedam, Bedum, Delfzijl, Winsum, De Marne, Loppersum

Number of dwellings:
41 owner-occupied dwellings

Completion date: 1997, 1998 and 1999

Further information:
Regional Council of North Groningen
Postbus 51
9982 ZH Uithuizermeeden
Phone +31 (0)595 - 41 52 64

图 5-2-46　平面布局各不相同的独栋住宅

图 5-2-47　南向温室对被动太阳能进行了充分利用

5.2.19　度假村

工程造价：工程总造价约为 140 万荷兰盾，用于可持续建筑措施的造价约为 206000 荷兰盾，占工程总造价的 15%（大约为 130 荷兰盾 /m²），主要包括：太阳能锅炉 25000 荷兰盾，种植屋面 16500 荷兰盾，墙体辐射采暖 1900 荷兰盾，雨水收集处理系统 3200 荷兰盾，如图 5-2-48、5-2-49、5-2-50。

规模：总建筑面积约 1600 m²。1996 年 4 月建成。

热工性能：楼板、外墙、斜屋面热阻均为 2.5m²K/W，平屋面热阻为 3.5m²K/W，气密性 0.231dm³/s/m²，外窗玻璃 U 值 1.6W/m²K。

通风系统：自然进风、机械排风（设置于卫生间及娱乐用房）。

热水和采暖：高效组合锅炉、太阳能锅炉。

项目信息表

PROJECT DATA

Commissioned by:
Nivon, Stichting Natuurvriendenhuizen en kampeerterreinen (Natuurvriendenhuizen and Camping Grounds Foundation)

Architect:
Buro De Boer, Enschede (currently Architectenbureau De Boer-De Witte BV)

Contractor: Schipper & Meijerink, Neelde

Location: Brummen

Gross floor area: approx. 1,600 m²

Completion date: April 1996

Further information:
ABK house
Hallsweg 12
6964 AM Hall
Phone +31 (0)20 - 43 50 700
(Nivon, Amsterdam)

图 5-2-48　建筑于 1995 年和 1996 年进行了改造及扩建

图 5-2-49　部分屋面为种植屋面

图 5-2-50　雨水经过过滤被储存起来用于冲厕

项目信息表

PROJECT DATA

Commissioned by:
Corio Vastu B.V., Heerlen

Architect/sustainable building consultant:
Architectenbureau Archi Service, Den Bosch

Contractor:
Bouwbedrijf Van Campen Bouw/Zelhem B.V.
Zelhem

Location: Heerlen

Number of dwellings:
54 owner-occupied dwellings

Completion date: 1999

Further information:
Corio Vastu B.V.
Postbus 431
6400 AK Heerlen
Phone +31 (0)45 - 560 08 08

5.2.20　产权住宅

工程造价：可持续建筑措施增加的造价为 29661 荷兰盾 / 套，主要包括：住宅前部或后部的通常温室 7616 荷兰盾 / 套（造价最高的措施），太阳能组合锅炉 5058 荷兰盾 / 套，墙体采暖 4843 荷兰盾 / 套，雨水收集装置 3115 荷兰盾 / 套。建成后，每套住宅的售价为 292500~377999 荷兰盾，所有计价均不含增值税，如图 5-2-51、5-2-52、5-2-53。

规模：54 套产权房。1999 年建成。

热工性能：楼板、外墙、屋面热阻均为 $3.5m^2K/W$，气密性 $1.24dm^3/s/m^2$，外窗玻璃 U 值 $1.3~1.5W/m^2K$。

通风系统：自然通风。

热水和采暖：高效太阳能组合锅炉、墙体采暖。

图 5-2-51　住宅分为两个主要类型，一类温室布置在前面面向街道，另一类温室布置在后面面向庭院

图 5-2-52　所有住宅都安装了高效太阳能锅炉

图 5-2-53　温室玻璃上安装了太阳能光伏组件

5.2.21　教职工宿舍

工程造价：工程总造价为 9950 万荷兰盾，其中建筑造价为 7900 万荷兰盾，用于可持续建筑措施的造价为 1531911 荷兰盾，平均 38 荷兰盾 / m^2，占建筑总造价的 1.9%，主要包括：中水系统 375000 荷兰盾，建筑管理系统 250000 荷兰盾。虽然增加了额外造价，但该项目也因为是示范工程而幸运地得到了一些优惠，如橡胶地板就得到了 35 荷兰盾 / m^2 的折扣价，正常情况下应该是 80 荷兰盾 / m^2（不含增值税），如图 5-2-54、5-2-55、5-2-56。

规模：总建筑面积 39800 m^2。1998 年 8 月建成。

图 5-2-54　一组不同的建筑构成了都市中的迷你村庄

项目信息表

PROJECT data

Commissioned by:
Stichting Hoger Beroepsonderwijs Limburg
Heerlen

Architect:
AGS Architecten & Planners BV, Heerlen

Sustainable building consultant:
dgmr raadgevende ingenieurs BV, Arnhem

Contractor:
Bouwcombinatie BAM Bredero - Van der
Linden V.O.F., Bunnik

Location: Heerlen

Gross floor area: 39,800 m²

Completion date: August 1998

Further information:
Hogeschool Limburg
Nieuw Eyckholt 300
6419 DJ Heerlen
Phone +31 (0)45 - 400 60 60
Dubo Centrum
Postbus 550
6400 AN Heerlen

图 5-2-55　建筑周边池中汇集的雨水可用于消防和清洁

图 5-2-56　80% 以上的地面采用了可回收的橡胶铺地

热工性能：楼板、外墙热阻为 2.5m²K/W，屋面热阻为 3.1~5.4m²K/W，气密性 0.280dm³/s/m²，外窗玻璃 U 值 1.5W/m²K。

通风系统：自然进风（通过窗户上部的进风口）、机械排风。

热水和采暖：整套能源系统、2 个高效锅炉和 1 个改良锅炉。

5.2.22　住宅小区

工程造价：林地内的工程总造价为 28500000 荷兰盾（不含公共区域的结构）用于可持续建筑措施的造价为 17542 荷兰盾 / 套（不包括结构和水系统），占工程总造价的 5%，主要包括：热泵 10115 荷兰盾 / 套。以上计价均不含增值税。这些公寓以三档价格出售，225000 荷兰盾以下的 20 套，300000 荷兰盾以下的 40 套，300000 荷兰盾以上的 25 套，如图 5-2-57、5-2-58。

规模：185 套住房（其中含 80 套试点房）。1999 年秋建成。

热工性能：楼板热阻为 3.15m²K/W，外墙、屋面热阻为 3.0m²K/W，气密性 0.381dm³/s/m²，外窗玻璃 U 值 1.5W/m²K。

通风系统：自然进风、机械排风。

采暖：联合热泵、地板辐射采暖。

热水：带有热交换的独立热泵。

项目信息表

PROJECT data

Commissioned by:
Nelis Project Maatschappij B.V., Haarlem

Architectural architect:
M. Duinker, Architectenbureau Duinker
Van der Torre, Amsterdam

Landscape architect:
P. de Ruyter, Alle Hosper, Haarlem

Contractor: Vink Bouw b.v., Wevershoof

Installation advisor:
Energy Noord West n.v., Alkmaar

Location: Heiloo

Number of residential properties:
185, of which 80 have pilot status

Completion date: Autumn 1999

Further information:
Nelis Project Maatschappij B.V.
Postbus 971
2003 RZ Haarlem
Phone +31 (0)23 - 518 73 00

图 5-2-57　住宅之间的场地设计很重视雨水保留　　图 5-2-58　采光天窗（最大程度利用被动太阳能是住宅设计的理念之一）

项目信息表

PROJECT DATA

Commissioned by:
Coopmans Bouw BV, Deurne

Contractor: Coopmans Bouw BV, Deurne

Architects and sustainable building consultants: De Loods, architecten- en adviesbureau BV, Griendtsveen

Location: Helmond

Number of dwellings:
80 owner-occupied dwellings

Completion date: Summer 1997

Further information:
Coopmans Bouw BV
Postbus 76
5750 AB Deurne
Phone + 31 (0)493 - 31 26 78

5.2.23　住宅小区

工程造价：工程总造价 10881400 荷兰盾（不含增值税和土地成本），其中 A、B 型住宅造价为 127250 荷兰盾/套，G 型住宅造价为 166200 荷兰盾/套。A、B 型住宅用于可持续建筑措施的造价为 14361 荷兰盾/套，G 型住宅用于可持续建筑措施的造价为 12810 荷兰盾/套，主要包括：太阳能锅炉 3213 荷兰盾/套，附加的屋面保温隔热层（A、B 型住宅 610 荷兰盾/套，G 型住宅 705 荷兰盾/套）。建成后，A、B 型住宅售价为 178790 荷兰盾/套，G 型住宅售价为 261370 荷兰盾/套（含土地成本但不含增值税），如图 5-2-59、5-2-60。

规模：80 套产权房。1997 年夏建成。

热工性能：楼板热阻为 3.0m²K/W，外墙热阻为 3.5m²K/W，斜屋面热阻为 4.6m²K/W，平屋面热阻为 2.8m²K/W，气密性 0.799dm³/s/m²，外窗玻璃 U 值 1.4W/m²K。

通风系统：自然进风、机械排风。

热水和采暖：太阳能锅炉（每户装有 3m² 面积的集热器，朝向东南和西南）。

项目信息表

PROJECT DATA

Commissioned by:
Van Hall Instituut, Groningen
AOC Friesland, Leeuwarden

Architect:
Atelier PRO, The Hague

Sustainable building consultant:
BOOM, Delft

Garden construction consultant:
Atelier PRO, in collaboration with Copijn, Utrecht

Contractor: BAM, Leeuwarden

Location: Leeuwarden

Gross floor area: 28,543 m²

Completion date: February 1996

Further information:
Van Hall Instituut/ AOC Friesland
Agora 1
8934 CJ Leeuwarden
Phone +31 (0)58 - 284 61 00

图 5-2-59　住宅外观，所有住宅基本上都朝南　　图 5-2-60　该项目很注重原有自然环境的保护

5.2.24　高校教学楼

工程造价：可持续建筑措施增加的造价为 859000 荷兰盾，占工程总造价的 1.6%，主要包括：种植屋面 120000 荷兰盾，带蓄水箱的热电联产装置 110000 荷兰盾，高频节能灯 100000 荷兰盾，带集热器的太阳能锅炉 70000 荷兰盾，堆肥卫生间 40000 荷兰盾。所有计价均不含增值税，如图 5-2-61、5-2-62、5-2-63。

规模：总建筑面积 28543m²。1996 年 2 月建成。

图 5-2-61　本项目非常重视节水和水处理措施

图 5-2-62　种植屋面（肉质多汁的景天属植物）

图 5-2-63　大量采用了本地木材

5.2.25　办公建筑

工程造价：工程总造价 3400 万荷兰盾，用于可持续建筑措施的造价为 3900000 荷兰盾，占工程总造价的 11.5%，主要包括：调节室内气候的顶棚 1181300 荷兰盾，调节室内气候的窗户 246000 荷兰盾，lteo（蓄水层）装置 236300 荷兰盾，调节室内气候的装置 162000 荷兰盾，混凝土中 20% 的废弃物粉碎颗粒 108,700 荷兰盾。所有计价均不含增值税，如图 5-2-64、5-2-65、5-2-66。

规模：总建筑面积约 12,000 m^2。1999 年 9 月建成。

热工性能：楼板热阻为 3.0m^2K/W，外墙热阻 ≥ 3.0m^2K/W，屋面热阻为 3.1m^2K/W，气密性 0.240dm^3/s/m^2，玻璃 U 值 1.2W/m^2K，窗户 U 值 1.8W/m^2K。

通风系统：带有热回收（通过一个热回收盘）的热压通风系统，空气在办公区域通过窗户排出。

采暖：地源热泵，办公区域采用顶棚辐射采暖，门厅及餐厅采用地板辐射采暖。

制冷：采用顶棚辐射制冷，由地下土壤提供冷源。

热水：电力锅炉。

图 5-2-64　建筑外观

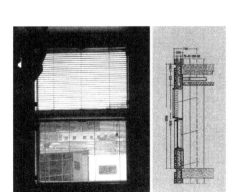

图 5-2-65　窗户分为上下两部分，上半部透光，下半部观景，由计算机控制的反射百叶随光线变化调整角度，经由百叶、顶棚（反射型）的多重反射，将自然光导入室内深处

图 5-2-66　地板或天花内装有低温辐射采暖系统

项目信息表

PROJECT data

Commissioned by:
Hoogheemraadschap van Rijnland, Leiden

Architect:
Jan Brouwer Associates, The Hague
(currently XX Architects, Delft)

Contractor:
Van Hoorn Bouw b.v., Capelle a/d IJssel

Constructions consultant:
Van der Form Engineering, The Hague

Installations consultant:
Halmos Adviseurs b.v., The Hague

Sustainable building consultant:
W/E adviseurs, Gouda

Location: Leiden

Gross floor area: approximately 12,000 m²

Completion date: September 1999

Further information:
Hoogheemraadschap van Rijnland
Archimedesweg 17
2333 CM Leiden
Phone +31 (0)71 - 516 82 68

项目信息表

Project data

Commissioned by:
Gemeente Leiden, Dienst Cultuur & Educatie,
Leiden

Architect:
Bruins Soedjono Architecten b.v., Leiden

Contractor:
Aannemersbedrijf du Prie b.v., Leiden

Sustainable building consultant:
Energie-adviesburo Kroon, Woubrugge

Location: Leiden

Gross floor area: 1,106 m²

Completion date: April 1999

Further information:
Gemeente Leiden
Dienst Cultuur en Educatie
Sector Middelen Afdeling Accomodaties
Postbus 9100, 2300 PC Leiden
Phone +31 (0)71 - 516 53 02

5.2.26　幼儿园

工程造价：工程总造价 210 万荷兰盾（不含增值税及土地成本），每平方米建筑面积约为 1898 荷兰盾。用于可持续建筑措施的造价为 119,700 荷兰盾，占工程总造价的 5.7%，主要包括：太阳能集热器 14,400 荷兰盾，中水系统 25,200 荷兰盾 / 套，屋面覆层 13,900 荷兰盾，如图 5-2-67、5-2-68、5-2-69。

规模：总建筑面积 1106m²。1999 年 4 月建成。

热工性能：楼板热阻为 3.0m²K/W，外墙热阻为 3.1m²K/W，屋面热阻为 3.8m²K/W，气密性 0.560dm³/s/m²，外窗玻璃 U 值 1.3W/m²K。

通风系统：夏天采用自然通风（通过中悬窗）、冬天采用带有高效热回收的热压通风系统（效率 85%~90%）。

采暖：4 个高效锅炉。

热水：4 组太阳能集热器（2.8m²）、1 个太阳能锅炉。

图 5-2-67　建筑外观

图 5-2-68　屋面上安装了 4 组共 11.2 m² 太
阳能集热器

图 5-2-69　渗水地面，可过滤雨水

5.2.27　办公建筑

工程造价：工程总造价 9700000 荷兰盾，用于可持续建筑措施的造价为 661500 荷兰盾，约合 138 荷兰盾 /m²，占工程总造价的 6.8%（其中一半来自于政府资助），主要包括：光伏电池 203500 荷兰盾，设计阶段的额外成本（包括"人与环境的建筑"理念的提出）195000 荷兰盾，中水系统 132000 荷兰盾，日光控制及追踪传感器 81000 荷兰盾，种植屋面 50000 荷兰盾，沼生植物床（中水系统的一部分）48000 荷兰盾，如图 5-2-70、5-2-71、5-2-72。

图 5-2-70　建筑入口处出挑的巨大钢制雨篷

项目信息表

PROJECT dATA

Commissioned by:
Vallei & Eem Water Board, Leusden

Architects:
Van Tilburg & Partners, Capelle aan den IJssel

Sustainable building consultants:
DHV-AIB BV, Amersfoort

Installation consultants:
Ketel Raadgevende Ingenieurs, Delft

Contractor:
Ballast Nedam IGB, Regio Oost, Arnhem

Location: Leusden

Gross floor area: approx. 4,800 m²

Completion date: July 1998

Further information:
Waterschap Vallei & Eem
Fokkerstraat 16
3833 AJ Leusden
Phone +31 (0)33 - 434 62 38

图 5-2-71　良好的室内环境设计使建筑在夏
天几乎不需要空调

图 5-2-72　顶部种植屋面，走廊部分的屋面
上铺设了太阳能光伏组件

规模：总建筑面积约 4800m²。1998 年 7 月建成。

热工性能：楼板热阻为 3.2m²K/W，外墙热阻为 2.8m²K/W，屋面热阻为
3.5m²K/W，气密性 0.240dm³/s/m²，外窗玻璃 U 值 1.4W/m²K。

通风系统：自然进风（通过窗户顶部的开口）、机械排风（通过柱子和中空
的混凝土楼板）。

热水：太阳能锅炉（集热器面积 12m²）

采暖：3 个高效锅炉。

5.2.28　多层社会住宅和低层产权住宅

工程造价：多层部分的工程总造价为 4084766 荷兰盾（40 套出租房，平均
102119 荷兰盾 / 套，不含增值税），低层部分的工程总造价为 12293277 荷兰盾
（88 套产权房，平均 139696 荷兰盾 / 套，不含增值税）。用于可持续建筑措施的
造价为 1105035 荷兰盾（不含增值税），约为 8633 荷兰盾 / 套，占工程总造价的
6.7%，主要包括：热力网的连接 3644 荷兰盾 / 套，地板辐射采暖 1634 荷兰盾 / 套，
HR⁺ 玻璃 563 荷兰盾 / 套，如图 5-2-73、5-2-74。

项目信息表

PROJECT DATA

Multi-storey buildings commissioned by:
Portaal Woningstichting, Nijmegen

Low-rise buildings commissioned by:
Amstelland Vastgoed B.V. Noord-Oost, Ede

Architect: Buro 5, Maastricht

Sustainable building consultant:
Nederlands Instituut voor Bouwbiologie
en Ecologie (NIBE), Bussum

Multi-storey contractor: Wilma Bouw, Weert

Low-rise contractor:
Tiemstra Bouw (part of NBM-Amstelland
Woningbouw Noordoost B.V.), Nijmegen

Location: Nijmegen

Number of rented residential properties: 40

Number of owner-occupied
residential properties: 88

Completion date: September 1999

Further information:
multi-storey buildings:
Portaal Woningstichting,
Postbus 455, 6500 AL Nijmegen,
phone +31 (0)24 - 371 87 00
low-rise buildings:
Amstelland Vastgoed B.V. Noord-Oost,
Postbus 338, 6710 BH Ede,
phone +31 (0)318 - 64 88 88

图 5-2-73　低层住宅

图 5-2-74　渗水铺地

规模：40 套出租房，88 套产权房。1999 年 9 月建成。

热工性能：楼板热阻为 4.0m²K/W，外墙热阻为 3.0m²K/W，屋面热阻为 4.0m²K/W，气密性 2.43dm³/s/m²，外窗玻璃 U 值 1.0~1.1W/m²K。

通风系统：自然进风、机械排风。

热水和采暖：联合水源（地下水）热泵，高效锅炉，扩大的散热器。

5.2.29　居住、办公、文化综合体

工程造价：含住宅、银行和图书馆在内的工程总造价为 900 万荷兰盾（不含增值税及土地成本），相当于 2632 荷兰盾 / m² 建筑面积，用于可持续建筑措施的造价占工程总造价的 7.6%，主要包括：热泵 / 土壤热交换 130000 荷兰盾，建筑管理系统 170000 荷兰盾，种植屋面 45,000 荷兰盾，如图 5-2-75、5-2-76。

规模：总建筑面积 3420m²（其中包含 1570m² 住宅），13 套产权房。1999 年 3 月建成。

热工性能：楼板热阻为 3.0m²K/W，外墙热阻为 3.5m²K/W，屋面热阻为 3.0m²K/W，气密性 0.199dm³/s/m²，外窗玻璃 U 值 1.1W/m²K。

通风系统：带有热回收的热压通风系统。

采暖：地板、墙体辐射采暖，通过热泵、带有温度分层系统的热水箱、太阳能集热器和 2 个高效锅炉。

热水：通过储热罐和 2 个高效锅炉提供的辅助热源。

项目信息表

PROJECT DATA

Commissioned by:
Rabobank Pey-Posterholt

Architect:
Schrijen Coonen BNA, Echt

Sustainable building consultant:
BOOM-Maastricht, Maastricht

Installation consultant:
Coman Raadgevende Ingenieurs BV, Heerlen

Contractor:
M & M Bouw Sittard BV, Sittard

Location: Echt

Gross floor area:
3,420 m² (of which 1,570 m² for
the residential properties)

Number of residential properties:
13 owner-occupied residential properties

Completion date: March 1999

Further information:
Rabobank Pey-Posterholt
Chatelainplein 1
6102 BB Pey-Echt
Phone +31 (0)475 - 47 86 66

图 5-2-75　建筑檐口部位安装了太阳能集热器

图 5-2-76　建筑入口处的蓄水池，可容纳多余的雨水

5.2.30　办公建筑

工程造价：工程总造价 26881533 荷兰盾（不含土地成本及增值税），用于可持续建筑措施的造价为 1982880 荷兰盾，占工程总造价的 7.4%，其中有 900000 荷兰盾用于国家计划中的措施，主要包括：在所有采暖区域安装高效玻璃窗 92541 荷兰盾，加强的密闭措施 81302 荷兰盾，太阳能锅炉 74736 荷兰盾。建成后，一套三室公寓的租金平均为 735 荷兰盾 / 月，两室公寓的租金为 625 荷兰盾 / 月，一室公寓的租金为 550 荷兰盾 / 月，商业场所的租金为 250 荷兰盾 / m^2，如图 5-2-77、5-2-78、5-2-79、5-2-80。

规模：总建筑面积 20000 m^2，包括 201 套出租房，2500 m^2 商业区，18 套办公单元。1999 年春建成。

热工性能：地下室楼板热阻为 0.25m^2k/W，外墙热阻为 1.5m^2K/W，屋面热阻为 3.5m^2K/W，气密性 1.098$dm^3/s/m^2$，外窗玻璃 U 值 1.3W/m^2K。

通风系统：带有热回收的独立热压通风系统（效率 65%）。

采暖：独立计量供暖，带有 80m^2 集热面积的太阳能锅炉。

热水：小型整体能源系统，热泵锅炉。

项目信息表

PROJECT DATA

Commissioned by: Stadswonen, Rotterdam
Architect: De Jong Bokstijn architecten BNA, Zeist
Contractor: Moeskop's Bouwbedrijf BV
Location: Rotterdam
Gross floor area: 20,000 m²
Number of dwellings: 201 rented accommodations
Commercial space: 2,500 m² commercial space, 18 office units
Completion date: Spring 1999
Further information: Stadswonen Postbus 4057 3006 AB Rotterdam Phone +31 (0)10 - 402 82 00

图 5-2-77　整栋建筑包括公寓、工作室和办公场所

图 5-2-78　可接受太阳辐射热的中庭

图 5-2-79　屋面上安装的太阳能集热器

图 5-2-80　一套供应热水的小型能源系统

5.2.31　音像图书博物馆

工程造价：工程总造价 19995000 荷兰盾，折合 1333 荷兰盾 / m^2 建筑面积（不含 17.5% 的增值税），用于可持续建筑措施的造价为 480 万荷兰盾（含光伏板），折合 320 荷兰盾 / m^2 建筑面积，占工程总造价的 24%，主要包括：光伏板约 300

项目信息表

PROJECT DATA

Commissioned by:
Rotterdam Municipal Records Office and
Rotterdam City Council

Project developer:
Innoplan b.v., Rotterdam

Conversion architects:
Architectenbureau Jan Buijs, Rotterdam

Main contractor:
Heembouw b.v., Roelofsarendsveen

Water and electricity installations:
Croon Electrotechniek, Rotterdam

Location: Rotterdam

Gross floor area:
approx. 15,000 m² (of which
approx. 7,000 m² is used for storage)

Completion date: June 1998

Further information:
Gemeentelijke Archiefdienst Rotterdam
Hofdijk 651
3032 CG Rotterdam
Phone + 31 (0)10 - 243 45 67

万荷兰盾，热量与冷量存储系统（含施工与监测）723500 荷兰盾，用于弥补外墙低热阻值（2.5）的附加屋顶保温隔热层（热阻值 6.0）151700 荷兰盾，地板低温辐射采暖系统及其他适用的热辐射系统 139100 荷兰盾，如图 5-2-81、5-2-82。

规模：总建筑面积约 15000 m²（其中 7000m² 为储藏面积）。1998 年 6 月建成。

热工性能：楼板、外墙热阻均为 2.5m²K/W，屋面热阻为 3.0m²K/W，气密性 0.320dm³/s/m²，外窗玻璃 U 值 1.6W/m²K。

通风系统：通过热转轮进行热回收的热压通风系统（效率 70%）。

热水：3 个太阳能锅炉（每个带有 2m² 的集热器面积），1 个热泵锅炉。

采暖：蓄水层，热泵/热交换器及地板辐射采暖（办公室），热风供暖（储藏区）。

图 5-2-81 建筑外观

图 5-2-82 光伏系统示意，建筑屋面上安装了 1668m² 共 1840 块光伏板，每年可产生约 14 万度电

5.2.32 社会住宅和产权住宅

工程造价：工程总造价 30967000 荷兰盾，平均 124867 荷兰盾/套，用于环境措施的造价为 8700 荷兰盾/套，占工程总造价的 7%，主要包括：一个太阳能锅炉 3659 荷兰盾/套，为了获得"安全住宅"认证而采用的门窗密封框 1000 荷兰盾/套，可以利用雨水的第三排水系统 700 荷兰盾/套，高效玻璃 670 荷兰盾/套。建成后产权房的售价根据不同户型在 156000~410000 荷兰盾之间，出租房的月租金平均为 760 荷兰盾/月/套，如图 5-2-83、5-2-84。

项目信息表

PROJECT DATA

Commissioned by:
Stichting Achtgoed Wonen en Bouwen, Soest

Architects:
BV Inbo Architecten Woudenberg - Groep van
der Donk, Woudenberg, BEAR Architecten,
Gouda

Sustainable building consultants:
BEAR Architecten, Gouda

Contractor:
Grootel's Bouwmaatschappij (now Ballast
Nedam Woningbouw), Utrecht

Location: Soest

Number of dwellings:
72 rented, 176 owner-occupied

Completion date: July 1996 to summer 1997

Further information:
Stichting Achtgoed Wonen en Bouwen
Postbus 276
3760 AG Soest
Phone + 31 (0)35 - 603 85 85

图 5-2-83 富有乡村特色的住宅及环境

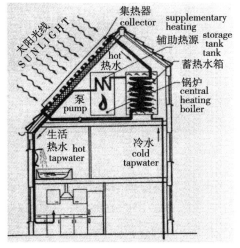

图 5-2-84 所有住宅均安装了太阳能锅炉

规模：72 套出租房，176 套产权房。1996 年 7 月 ~1997 年夏建成。

热工性能：楼板、外墙、屋面的热阻均为 2.5m^{2}K/W，气密性 1.43dm^3/s/m^2，外窗玻璃 U 值 1.4W/m^{2}K。

通风系统：自然进风、机械排风。

热水：太阳能锅炉（带有容量 100L 的蓄水罐），组合锅炉。

采暖：高效组合系统，低温辐射供暖系统。

5.2.33　办公建筑

工程造价：工程总造价 600 万荷兰盾，其中用于可持续建筑措施的造价约为 60 万荷兰盾，占工程总造价的 10%，主要包括：光伏板 190000 荷兰盾，木框架结构和保温隔热材料 170000 荷兰盾，热泵 110000 荷兰盾，沼生植物过滤器（含蓄水池和泵）90000 荷兰盾，如图 5-2-85、5-2-86、5-2-87、5-2-88、5-2-89。

规模：总建筑面积约 1800m^2。2000 年 1 月建成。

热工性能：楼板、外墙热阻均为 3.5m^{2}K/W，屋面热阻为 4.0m^{2}K/W，气密性 0.206dm^3/s/m^2，玻璃 U 值 1.1W/m^{2}K，外窗 U 值 1.6W/m^{2}K。

通风系统：自然进风（通过外墙上的电动格栅）、自然排风（通过 1 个烟囱）。

采暖：运河水源热泵，办公室采用墙体及地面辐射采暖，中庭采用地面辐射采暖。

热水：太阳能锅炉。

发电：中庭屋面上装有 54m^2 的光伏电池。

图 5-2-85　从空中看下去整个建筑就像一个巨大的圆头三角

项目信息表

PROJECT data

Commissioned by: Rijksgebouwendienst Directie Zuidwest, Schiedam

Architects:
Pierre Bleuzé and Hiltrud Pötz, opMAAT, bureau voor duurzame architectuur, Delft

Contractor: Aannemingsbedrijf De Bliek & Vos b.v., Terneuzen

Constructions consultant:
Hulst D3BN, Amsterdam

Installations consultant:
Bravenboer en Scheers, Terneuzen

Building physics consultant:
Cauberg Huygen, Rotterdam

Sustainable building consultant: opMAAT, Delft and Cauberg Huygen, Rotterdam

Location: Terneuzen

Gross floor area: approximately 1,800 m^2

Completion date: January 2000

Further information:
Directorate-General of Public Works and Water Management [Rijkswaterstaat]
Buitenhaven 2
4531 BX Terneuzen
Phone +31 (0)115 - 686 800

图 5-2-86　局部建筑立面

图 5-2-87　立面采用了木质覆层

图 5-2-88　中庭屋面上安装了 54m² 太阳能
光伏板

图 5-2-89　新办公楼大部分采用了木框架结构

5.2.34　市属保健中心

工程造价：工程总造价 4038462 荷兰盾。用于可持续建筑措施的造价为
525000 荷兰盾，占工程总造价的 13%，主要包括：木框架结构外墙 135700 荷兰
盾，地面、屋面及立面的附加保温隔热层和带有热回收的热压通风系统 57000 荷
兰盾，EPDM 屋面覆层 50000 荷兰盾。以上计价不含增值税。如图 5-2-90、5-2-91、
5-2-92、5-2-93。

规模：总建筑面积约 2630m²。1999 年 5 月建成。

热工性能：楼板热阻为 4.1m²K/W，空心外墙热阻为 3.5m²K/W，实心外墙热
阻为 3.4m²K/W，板材热阻为 2.2m²K/W，屋面热阻为 4.3m²K/W，气密性 0.206dm³/
s/m²，玻璃 U 值 1.6W/m²K，外窗 U 值 2.0W/m²K。

图 5-2-90　建筑外观

图 5-2-91　室内采用了预
制的木框架结构

项目信息表

Project data

Commissioned by:
Intergemeentelijk Orgaan Rivierenland, Tiel

Architects:
B. Krijger, Krijger en Wachter Architecten
Buren

Contractor: BAM Beutener, Tiel

Constructions advisor:
Goudstikker De Vries, 's-Hertogenbosch

Timber-frame construction advisor/contractor:
Houtskeletbouw Alphen Van Leeuwen

Installations advisor:
Kroon b.v., Zuidlaren

Sustainable building advisor:
NIBE Consulting b.v., Bussum

Location: Tiel

Gross floor area: approximately 2,630 m²

Completion date: May 1999

Further information:
GGD Rivierenland
Teisterbantlaan 1b
4001 TJ Tiel
Phone +31 (0)344 – 69 87 00

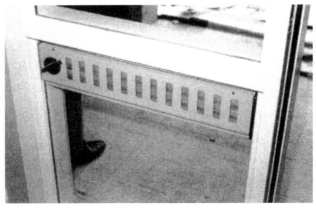

图 5-2-92　两个中庭提供了充
裕的自然光

图 5-2-93　立面上设有通风格栅

通风系统：夏季自然进风、机械排风，冬季采用带有热回收的热压通风系统。

采暖：带有顶棚盘管的 3 台热泵，1 个高效锅炉。

制冷：通过顶棚盘管，由末端抽取。

热水：空气源热泵锅炉。

5.2.35　办公建筑

工程造价：申报示范项目时，工程总造价预计为 1264000 荷兰盾，用于可持续建筑措施增加的造价预计设计成本 20 荷兰盾 / m²，施工成本 175 荷兰盾 / m²，总共 312000 荷兰盾，约占工程总造价的 25%。实际建筑造价约为 1657500 荷兰盾，可持续建筑措施增加造价所占实际比例尚未得知，如图 5-2-94、5-2-95、5-2-96。

规模：总建筑面积 1789 m²。1999 年 5 月建成。

热工性能：楼板热阻为 3.0m²k/W，外墙热阻为 2.5m²K/W，屋面热阻为 3.4m²K/W，气密性 0.18dm³/s/m²，办公区外窗玻璃 U 值 1.6W/m²K，制造厅外窗玻璃 U 值 1.7W/m²K。

通风系统：从天窗和侧窗自然进风、从卫生间和制造厅机械排风。

热水：锅炉，由 1 台高效锅炉间接加热。

采暖：办公区采用热泵、高效锅炉和地板低温辐射采暖系统；制造厅采用配有通风设备的螺旋盘管供暖。

项目信息表

PROJECT data

Commissioned by:
Bongers, Vekemans en Wijnen, Tilburg

Architects and sustainable building consultants:
Adviesbureau Vekemans, Tilburg

Location: Tilburg

Contractor (substructure):
T. A. K. Wouw, Tilburg

Contractor (superstructure):
Bouwbedrijf J. C. de Beer, Tilburg

Gross floor area: 1,789 m²

Completion date: May 1999

Further information:
VeKasteel
Dr. Paul Janssenweg 144
5026 RH Tilburg
Phone + 31 (0)13 - 592 05 55

图 5-2-94　中部的塔连接着建筑两翼　　图 5-2-95　塔内的采光通风穹顶　　图 5-2-96　塔内底部的雨水井，未被种植屋顶吸收的雨水将导入此井

5.2.36　高校教学楼

工程造价：工程总造价约为 2400 万荷兰盾，其中用于可持续建筑措施的造价约为 74 万荷兰盾，占工程总造价的 3.1%，主要包括：报告厅上的种植屋顶 200000 荷兰盾，建筑底下的自行车棚 300000 荷兰盾，HF 照明 60000 荷兰盾。以上计价不含增值税，如图 5-2-97、5-2-98、5-2-99、5-2-100。

规模：总建筑面积约 11000 m²。1997 年 9 月建成。

热工性能：楼板热阻为 2.40~2.50m²K/W，外墙热阻为 2.27~2.80m²K/W，屋面热阻为 2.60m²K/W，气密性 0.280dm³/s/m²，标准双层玻璃 U 值 2.5W/m²K，HR 玻璃 U 值 1.7W/m²K，标准双层玻璃窗户 U 值 3.2W/m²K，HR 玻璃窗户 U 值 2.6W/m²K。

通风系统：带有热回收的热压通风系统。

采暖：带有地下存储的 2 个整体能源装置，报告厅和检查用房采用热风供暖，地板辐射采暖、散热器和对流式加热器。

热水：热水供应锅炉，由大学中央控制的热电联产装置供热。

项目信息表

PROJECT DATA

Commissioned by:
University of Utrecht, Utrecht

Architects:
Rem Koolhaas and Cristophe Cornubert,
Office for Metropolitan Architecture (OMA)
Rotterdam

Contractor:
BAM Bredero Bouw b.v., Bunnik

Constructions advisor:
ABT Adviesbureau voor Bouwtechniek b.v.
Delft-Velp

Installations advisor:
IBL Ingenieursbureau Linssen, Amsterdam

Sustainable building advisor:
W/E adviseurs duurzaam bouwen, Gouda

Location: Utrecht

Gross floor area: approximately 11,000 m²

Completion date: September 1997

Further information:
University of Utrecht
Leuvenlaan 19
3584 CE Utrecht
Phone +31 (0)30 - 253 85 38

图 5-2-97　设计风格独到的可持续建筑

图 5-2-98　室内采用了低温辐射地板采暖系统

图 5-2-99　报告厅内结构可见的大跨度钢
　　　　　　筋混凝土顶棚

图 5-2-100　西、北立面大面积的采光玻璃

5.2.37　住宅小区

　　工程造价：用于可持续建筑措施的造价约为 15900 荷兰盾 / 套，主要包括：太阳能锅炉 4701 荷兰盾 / 套，花园一面的封廊 3332 荷兰盾 / 套，所有采暖房间的高效玻璃 1088 荷兰盾 / 套。建成后住宅售价为 243000~597000 荷兰盾 / 套，公寓租金平均为 753 荷兰盾 / 月 / 套。以上造价不含增值税，如图 5-2-101、5-2-102。

　　规模：23 套廉租公寓，75 套产权住宅，1999 年 8 月 ~2000 年 5 月建成。

　　热工性能：楼板、外墙的热阻为 3.5~4.5m²K/W，屋面热阻为 4.0m²K/W，气密性 0.916dm³/s/m²，外窗玻璃 U 值 1.1W/m²K。

项目信息表

PROJECT DATA

Commissioned by:
(owner-occupied residential properties)
Local authority Valkenburg
(rented residential properties)
Woningbouwvereniging De Brittenburg
Katwijk

Architects:
Koen Krabbendam, CASA architecten b.v.
Amsterdam
Architectenbureau Guus Westgeest b.v.
Valkenburg (Rietsingel type)

Urban development plan: CASA architecten
in cooperation with BOOM, Delft

Contractor: Van Rhijn Bouw b.v., Katwijk

Sustainable building consultant:
BOOM, Delft

Location: Valkenburg

Completion date: August 1999 - May 2000

Further information:
Local authority Valkenburg
Postbus 22
2235 ZG Valkenburg
Phone +31 (0)71 - 406 14 30

图 5-2-101　向阳布置的住宅

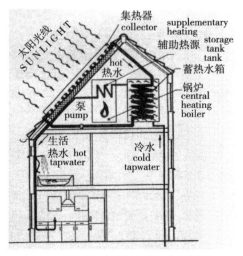

图 5-2-102　所有产权房都采用了太阳能
　　　　　　　组合锅炉

通风系统：带有热回收的热压通风，机械通风，自然通风。

采暖：HR 组合锅炉，HR 太阳能组合锅炉，带有废气冷却装置的燃气壁炉。

热水：HR 组合锅炉，HR 太阳能组合锅炉，洗浴用水热回收。

5.2.38　联排住宅

工程造价：工程总造价 15097042 荷兰盾，其中出租房造价为 106808 荷兰盾 / 套，产权房造价为 107847 荷兰盾 / 套，太阳能住宅造价为 163562 荷兰盾 / 套。用于可持续建筑措施的造价为 7700 荷兰盾 / 套，占工程总造价的 5%，主要包括：太阳能组合锅炉 2900 荷兰盾 / 套，6 套太阳能住宅的热泵系统 60000 荷兰盾，太阳能住宅安装的光伏电池 90000 荷兰盾。建成后，出租房租金为 553 荷兰盾 / 月 / 套，产权房售价为 148510~216936 荷兰盾。以上计价不含增值税，如图 5-2-103、5-2-104、5-2-105。

图 5-2-103　东西朝向的住宅

规模：46 套产权房，55 套出租房。1997 年 1 月建成。

热工性能：楼板、外墙、屋面热阻均为 3.0m²K/W，气密性 1.43dm³/s/m²，外窗玻璃 U 值 1.8W/m²K。

通风系统：自然进风、机械排风。

热水和采暖：太阳能组合锅炉（95 套住宅），光伏电池及 HR 锅炉（2 套住宅），光伏电池及热泵（4 套住宅）。

图 5-2-104　太阳能光伏电池供电的电子钟

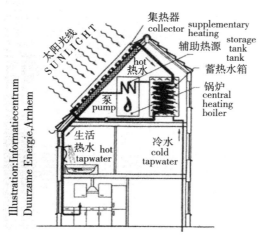

图 5-2-105　住宅大规模应用了太阳能组合锅炉

项目信息表

PROJECT DATA

Commissioned by:
Veenendaalse Woningstichting, Veenendaal

Architect:
H. van Zwieten, Van Straalen architects, Zeist

Sustainable building consultant:
BOOM, Delft

Contractor: Thomasson Dura, Hengelo

Location: Veenendaal

Number of owner-occupied dwellings: 46

Number of rented dwellings: 55

Completion date: January 1997

Further information:
Veenendaalse Woningstichting
Postbus 168
3900 AD Veenendaal
Phone +31 (0)318 - 52 35 65

5.2.39　高层住宅

工程造价：工程总造价 16488000 荷兰盾，折合 42900 荷兰盾 / 套。用于可持续建筑措施的造价为 5932 荷兰盾 / 套，占工程总造价的 13.8%，主要包括：760m² 的集热器面积 1124550 荷兰盾，外走廊的遮蔽 1053754 荷兰盾，太阳能组合锅炉 384000 荷兰盾。以上计价不含增值税，如图 5-2-106、5-2-107、5-2-108。

图 5-2-106　原有建筑改造后的
面貌

图 5-2-107　760m² 的集热面积是欧洲最大
规模之一

图 5-2-108　底部三层 42 套住宅朝东的
阳台被改造成温室

规模：384 套出租房。1999 年 6 月建成。

热工性能：楼板热阻为 2.5m²K/W，外墙热阻为 3.0m²K/W，屋面热阻为 2.5m²K/W，住宅气密性 0.38dm³/s/m²，楼梯间气密性 1.00dm³/s/m²，外窗玻璃 U 值 1.3W/m²K。

通风系统：机械通风，每个抽风口可独立控制。

热水和采暖：组合太阳能锅炉（每户有 2m² 集热器面积）提供生活热水和采暖，由 1 台整体能源设备和 4 个改良生产锅炉提供辅助热源。

5.2.40　办公建筑

工程造价：工程总造价 880 万荷兰盾，其中用于可持续建筑措施的造价约为 500000 荷兰盾，占工程总造价的 6%，主要包括：地面、外墙和屋面附加的保温隔热层 36000 荷兰盾，以 100% 粉碎拆除垃圾为原料的预制混凝土 25000 荷兰盾，低温辐射顶棚及通风系统 48000 荷兰盾，采暖、通风和照明的独立控制 50000 荷兰盾。以上计价不含增值税，如图 5-2-109、5-2-110、5-2-111。

图 5-2-109　建筑紧凑的形体

图 5-2-110　办公区采用了低温辐射顶棚

图 5-2-111　立面装有可上下移动的百叶

规模：总建筑面积约 2700m²。1999 年 5 月建成。

热工性能：地下室楼板热阻为 4.0m²K/W，正立面外墙热阻为 3.6m²K/W，背立面和侧立面外墙热阻为 3.5m²K/W，屋面热阻为 3.9m²K/W，气密性 0.223dm³/s/m²，玻璃 U 值 1.1W/m²K，外窗 U 值 1.4W/m²K。

通风系统：自然进风、机械排风，通过热泵进行热回收。

采暖：热泵加上低温辐射顶棚和散热器，低 Nox 高效锅炉。

热水：太阳能锅炉。

5.2.41　产权住宅

工程造价：工程总造价约为 830 万荷兰盾，用于可持续建筑措施的造价为 18912 荷兰盾 / 套，占工程总造价的 10%，主要包括：悬挑于外墙的裸露沟槽 7654 荷兰盾 / 套，太阳能锅炉 3213 荷兰盾 / 套，燃气供应点 805 荷兰盾 / 套。建成时，住宅售价为 66000 荷兰盾 / 套，半独立住宅售价为 363000 荷兰盾 / 套。如图 5-2-112、5-2-113。

规模：45 套产权房。1998 年秋建成。

热工性能：楼板、外墙热阻为 3.5m²K/W，屋面热阻为 3.8m²K/W，气密性 0.625dm³/s/m²，外窗玻璃 U 值 1.8W/m²K。

通风系统：带有热回收的热压通风系统（收益：65%）。

热水和采暖：HR 组合锅炉。

项目信息表

PROJECT DATA

Commissioned by:
Woningstichting Valburg, Zetten

Architect:
VDM Planontwikkeling B.V., Drachten

Contractor:
VDM Wonen B.V., Drogeham

Location: Valburg

Number of owner-occupied residential properties: 45

Completion date: Autumn 1998

Further information:
Woningstichting Valburg
Postbus 108
6670 AC Zetten
Phone+31 (0)488 - 45 31 11

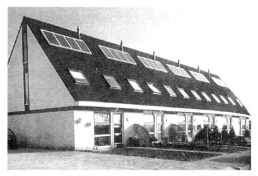

图 5-2-112　所有住宅屋面上都安装了太阳能集热器　　　　　　图 5-2-113　独立住宅

5.2.42　大型福利院综合体

工程造价：工程总造价 25322888 荷兰盾，用于可持续建筑措施的造价为 2,020,532 荷兰盾，平均为 12000 荷兰盾 / 套，占工程总造价的 8%，主要包括：热泵 10,000 荷兰盾 / 套，种植屋面 1800 荷兰盾 / 套，所有采暖空间的高效玻璃窗 590 荷兰盾 / 套。如图 5-2-114、5-2-115。

规模：169 套自给自足的出租公寓，其中 46 套带有遮阳。1999 年秋建成。

热工性能：楼板热阻为 3.1m²K/W，外墙热阻为 2.9m²K/W，屋面热阻为 3.5m²K/W，气密性 0.55dm³/s/m²，外窗玻璃 U 值 1.3~1.5W/m²K。

通风系统：由热泵带动的自然进风、机械排风。

热水：独立的空气源热泵。

采暖：地板辐射采暖。

项目信息表

PROJECTDATE

Commissioned by:
Algemene Stichting Woningbouw Zevenaar (ASWZ)

Architect and sustainable building consultant:
Architectenbureau Ir. Frans van der Werf

Contractor: Thomasson Dura BV

Location: Zevenaar

Number of rented dwellings:
169 self-contained rented flats and 46 flats for sheltered living

Completion date: fall 1999

Further information:
ASWZ
Postbus 54
6900 AB Zevenaar
Phone +31 (0)316 - 58 03 58

图 5-2-114　住宅部分面临庭院

图 5-2-115　所有屋面均为种植屋面

5.2.43　住宅小区

工程造价：出租房的工程总造价为 1180000 荷兰盾（不含增值税及土地成本），平均 84300 荷兰盾 / 套；产权房的工程总造价约为 3828100 荷兰盾（不含增值税及土地成本），平均 106300 荷兰盾 / 套。用于环境措施的造价为 9329 荷兰盾 / 套，占工程总造价的 9.3%，主要包括：雨水装置 3450 荷兰盾 / 套，外墙纤维素保温隔热层 520 荷兰盾 / 套，室内框架采用的木料 268 荷兰盾 / 套。建成后，出租房的租金为 700 荷兰盾 / 月 / 套，产权房的售价平均为 225000 荷兰盾。如图 5-2-116、5-2-117、5-2-118。

规模：36 套产权房，14 套出租房。1996 年 9 月建成。

热工性能：楼板热阻为 3.0m²K/W，外墙热阻为 3.5m²K/W，斜屋面热阻为 3.5m²K/W，平屋面热阻为 2.5m²K/W，自然进风、机械排风状态下的气密性 1.43dm³/s/m²，热压通风状态下的气密性 0.625dm³/s/m²，外窗玻璃 U 值 1.8W/m²K。

通风系统：自然进风、机械排风，带有热回收的热压通风系统（效率 65%）。

热水和采暖：太阳能锅炉，能效改进锅炉或高效锅炉。

项目信息表

PROJECT DATA

Commissioned by:
Vernieuwend Wonen Zutphen (VWZ)
residents' association, Zutphen and
Woningstichting Zutphen housing association
(now known as Hanzewonen), Zutphen

Architects/sustainable building
consultants: Grotenbreg Architecten, Zutphen

Location: Zutphen

Contractor: Kingma Bouw BV, Lelystad

Number of dwellings:
36 owner-occupied, 14 rented dwellings

Completion date: September 1996

Further information:
Bewonersvereniging Vernieuwend Wonen
Zutphen (VWZ)
Fien de la Marstraat 29
7207 GP Zutphen
Phone + 31 (0)575 - 52 92 84

图 5-2-116　住宅中央围绕着一块公共绿地

图 5-2-117　斜屋面上装有集热器

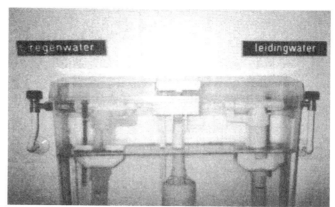

图 5-2-118　双水源供水系统
（雨水 + 市政给水）

5.2.44　"果园"住宅

　　工程造价：每套住宅的工程造价为 97304~223428 荷兰盾 / 套（不含增值税），用于可持续建筑措施的造价超过 11000 荷兰盾 / 套，占工程总造价的 5%~11%，主要包括：将近 1/3 的成本用于节水措施，其中最主要的有雨水系统和 Gustavsberg 坐便器 4135 荷兰盾 / 套，太阳能锅炉 2735 荷兰盾 / 套，所有采暖空间的高效玻璃 334 荷兰盾 / 套。建成后，产权房售价为 159000~277000 荷兰盾（含增值税），出租房租金为 625~870 荷兰盾 / 月 / 套。如图 5-2-119、5-2-120。

　　规模：16 套产权房，20 套出租房。1997 年 7 月建成。

　　热工性能：楼板、外墙、屋面热阻均为 3.5m²K/W，气密性 0.67dm³/s/m²，外窗玻璃 U 值 1.3W/m²K。

　　通风系统：自然进风、机械排风。

　　热水和采暖：1 个太阳能组合锅炉（30 户），燃气加热器和水加热器（4 户），1 个带有水加热器的高效锅炉（2 户）。

项目信息表

PROJECT data

Commissioned by:
Housing Association SAVO, Zwolle MMWZ Association, Zwolle

Architect:
ORTA Atelier, Bunnik

Sustainable building consultant:
C.M. Ravesloot, Delft

Location: Zwolle

Contractor:
Kingma Bouw BV, Lelystad

Number of dwellings:
16 owner-occupied dwellings
20 rented dwellings

Completion date:　July 1997

Further information:
Woningstichting SAVO
Ossenkamp 8
8024 AE Zwolle
Phone +31 (0)38 – 453 05 22

图 5-2-119　住宅基本上全朝南

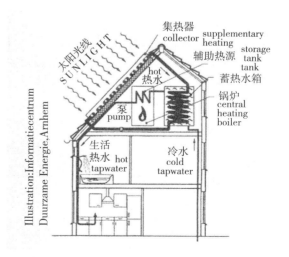

图 5-2-120　有 30 套住宅安装了组合式太阳能
锅炉

5.3 附录

原文	译文
Commissioned by	委托方
Initiated by	发起人
Project developer	开发商
Architect	建筑师
Building physics consultant	建筑物理咨询
Interior architect	室内设计
Contractor	施工单位
Main contractor	总包
Subcontractor	分包
Project management	项目管理
Installations consultant Installation advisor	安装工程咨询
Construction consultant	建筑施工咨询
Systems consultant	机电系统咨询
Technical design	机电系统设计
Water and electricity installation	水电安装
Public utility company	公用事业公司
Installers	安装
Multi-storey buildings	多层建筑
Low-rise storey buildings	低层建筑
Number of residential properties Number of dwellings	户数
Number of rented dwellings	租户数
Number of owner-occupied dwellings	自住性住房数量
Number of sheltered housing units	避难性住房数量
Number of care apartments	残疾人等需要帮助者的住房数量
Number of company premises	公司房产数量
Urban development plan	城市规划设计
Environmental building consultants	环境咨询
Landscape architect	景观设计
Garden construction consultant	园艺咨询
Sustainable building consultant	可持续建筑咨询
Commercial space	商业面积
Location	工程地点
Gross floor area	总建筑面积
Completion date	建成时间
Further information	其他相关信息

第 6 章　荷兰可持续建筑优秀工程实例

本章重点介绍荷兰"国家可持续和低能耗建筑示范工程"中的 12 个项目和其他在荷兰颇具影响的 7 个可持续建筑工程实例，以飨读者。

这些实例都是 2000 年之前竣工投入使用、按照可持续建筑的思想和标准，进行设计施工建造的。这些实例涵盖了从新建项目到改造项目、从住宅小区、住宅单体到公共建筑的各种建筑类型和开发模式，但是其执行的可持续建筑标准是严格的，采用的新技术和产品是配套集成的，并充分考虑了荷兰自有的资源优势和气候特点，在能源供应系统、能源方案选择、水资源综合利用等方面，提供了有益的借鉴。

荷兰可持续建筑优秀工程实例汇总表（名称与第 2 章核实）　表 6-0-1

	项目名称	功能	建设时间	建设地点	建设规模
1	De Brandaris* 布朗达利斯高层住宅楼	住宅改造	1990	Zaandam	384 户
2	Energienbanlans Woningen 平衡能源住宅楼	住宅	1999	Amersfoort	2 户
3	Oikos* 欧克斯生态小区	住宅	1999	Enschede	600 户
4	De Gelderse Blom* 赫尔德斯的青春	住宅	1997	Veenendaal	99 户
5	De Hoven van Axel* 阿克塞尔庭院	住宅	1999	Axel	150 户
6	De Pelgromhof 派尔欧姆庭院	住宅	1999	Zevenaar	215 户
7	De Boerenstreek* 农家园 / 布伦区	住宅	1996	Soest	248 户
8	Ecosolar* 生态太阳能 / 埃克索拉	住宅	1999	Goes	32 户
9	De Schooten* 施欧腾	住宅	1997	Den helder	46 户
10	Sijzenbaanplein 赛仁邦广场	住宅	1988	Deventer	130 户
11	Waterkwartier Nieuwland 水区新地	住宅	1999	Amersfoort	55 户
12	Van Hall Instituut* 范豪学院	教学	1996	Leeuwarden	28543m²
13	Het Eco-kantoor* 生态办公室	办公	1994	Bunnik	1609m²
14	Waterschap Vallei&Eem Leusden 水域谷 & 爱姆勒斯顿	办公	1998	Leusden	4800m²
15	De Grift 格利福特	办公改造	1999	Apeldoorn	/
16	Educatorium* 教育堂	教学	1997	Utrecht	11000m²
17	Rijkswaterstaat* 国家水利	办公	2000	Terneuzen	1800m²
18	Alterra 奥特拉	办公	1998	Wageningen	11000m²
19	Weerselostraat 威尔斯楼街	住宅	1998	The Hague	74 户

* 表示该项目为荷兰示范工程计划项目。

6.1 De Brandaris 布朗达利斯高层住宅楼

该项目位于 Zaandam 地区（图 6-1-1），属于较早的可持续住宅改造项目。共有 14 层，384 户住户。最初建成于 20 世纪 60 年代，在当时看来，这座建筑还是相当现代的，然而，在过去的 30 多年中，目前该建筑已经不适应现在的居住需要了。

Lessor woningstichting patrimonium 计划对该建筑进行彻底翻新。其中，循环利用和节能是最重要的主题。这次改建包括了一些现代的便利装置的使用，如：独立温控系统等。建筑外观也重新进行了改造（图 6-1-2~ 图 6-1-5）。关于这一点，建筑师 D·de· Gunst 这样解释："我们试图通过安装一些可持续建

图 6-1-1　项目位置

图 6-1-2　建筑外观 1

图 6-1-3　建筑外观 2

图 6-1-4　建筑外观 3

图 6-1-5　建筑外观 4

筑的装置使得整个建筑更加显眼并且有独一无二的外观（图 6-1-6）"，"我相信这座建筑使人们意识到可持续建筑对于住宅的重要性"。主立面的照明是由 60m² 的光伏电池提供的。这座建筑整合了荷兰国内外的很多先进技术，它不仅仅是可持续建筑的范例，也是欧盟技术创新计划——国际热能示范工程（EU-Thermie）的一部分。

经济指标：（1 荷兰盾约合 0.45 欧元，下同）

在该项目中平均每户用于可持续设施的花费为 5932 荷兰盾，具体的主要花费如下：

· 760m² 的外表面集热器 ·· 1124550 荷兰盾
· 外走道的封闭处理 ·· 1053754 荷兰盾
· 集中太阳能热水器（图 6-1-7~ 图 6-1-9） ··················· 381000 荷兰盾

工程总造价为 16488000 荷兰盾，平均每户造价 42900 荷兰盾。以上金额均不含增值税。

性能指标：

热阻：

　· 楼板 ·· 2.5m²K/W
　· 外墙 ·· 3.0m²K/W
　· 屋面 ·· 2.5m²K/W

气密性（QV；10）：

　· 住宅 ·· 0.38dm³/s/m²
　· 楼梯间 ··· 1.00m³/s/m²

玻璃传热系数 ·· 1.3W/m²K

通风系统：机械通风，在每个节点设置自行调节设施。

图 6-1-6　建筑外观 5

图 6-1-7　集热器阵列 1

图 6-1-8　集热器阵列 2

热水供应系统：每户有 2m² 的太阳能集热器提供热水（图 6-1-10），另外还有综合能量控制单元（图 6-1-11~ 图 6-1-13）和 4 个大型集热器。

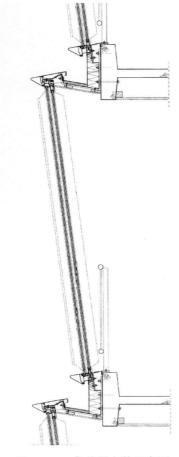

图 6-1-9　集热器安装示意图

图 6-1-10　厨房内热水装置

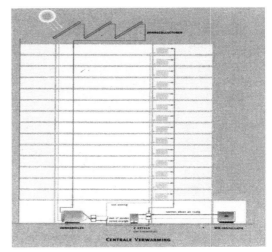

图 6-1-11　热水系统图 1

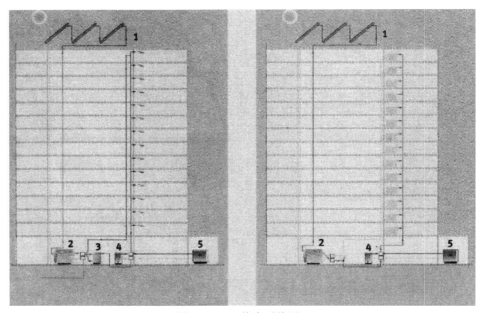

图 6-1-12　热水系统图 2

heating
采暖
hot water supply
热水供应
lighting
照明
ventilators
通风
cooling system
冷却系统
humidification
湿度
pumps
泵
auxiliary energy
辅助能源
total energy
总能源
PV cells
光伏电池
计算方式 能效系数标准 实际能效系数
NEN 5128 1994 1.40（1995） 0.91
NEN 5128 1998 1.00（2000） 0.97
173 65 27 65
330 total
197 60 32 56
345 total
MJ/m² 使用面积

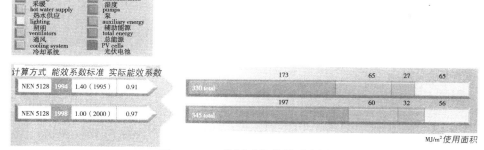

图 6-1-13　能源系统能效示意图

注：（上图为案例的通用译文模版，以下案例凡遇与此相同的图标，均按此处理）

6.2　Energienbanlans Woningen 平衡能源住宅楼

这座建筑的设计概念是零能耗建筑，即建筑的年耗能和年供能持平。这就要求除了使用主动式的太阳能光热和光伏系统外，还需要尽可能地被动式地利用太阳能。

从外部看起来（图 6-2-1），整座建筑是封闭的。然而为了节约能源，内部却非常的开敞。建筑中间有中庭，白天阳光可以直接入射，透明的太阳能面板和辅助的遮阳板可以防止夏季过热的情况出现（图 6-2-2）。并且因为太阳能面板是透明的，可以有效地影响阳光的入射角和中庭的温度。大大的屋顶可能是最吸引人的地方了（图 6-2-3），在屋面上，被动式太阳能系统，太阳能面板和太阳

N

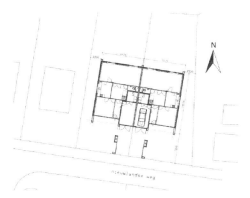

图 6-2-1　项目方位图

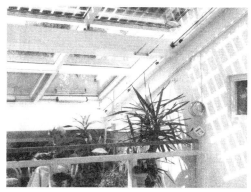

图 6-2-2　建筑室内效果

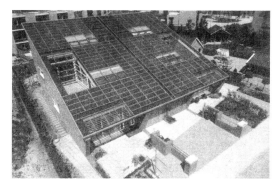

图 6-2-3　建筑屋顶

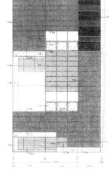

图 6-2-4　屋顶布置

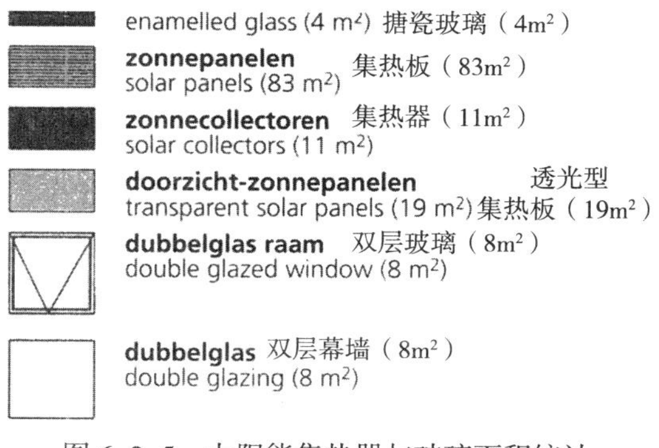

enamelled glass (4 m²) 搪瓷玻璃（4m²）
zonnepanelen 集热板（83m²）
solar panels (83 m²)
zonnecollectoren 集热器（11m²）
solar collectors (11 m²)
doorzicht-zonnepanelen 透光型
transparent solar panels (19 m²) 集热板（19m²）
dubbelglas raam 双层玻璃（8m²）
double glazed window (8 m²)
dubbelglas 双层幕墙（8m²）
double glazing (8 m²)

图 6-2-5　太阳能集热器与玻璃面积统计

能热水系统被整合在铝质的框架上，并为园艺所用。屋顶的栅格清楚的反映出建筑的尺度（图6-2-4），因为设计的初衷之一就是形成流动而整体感强烈的屋面，在此基础上也集成了太阳能的利用（图6-2-5）。

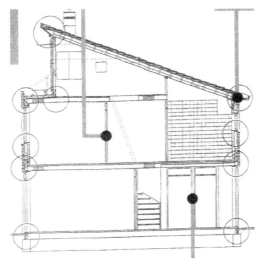

图 6-2-6　太阳能热利用系统 1　　　　　　图 6-2-7　太阳能热利用系统 2

6.3　Oikos 欧克斯生态小区

该项目位于 Enschede 和 Glaner-brug 这两个地区之间，属于生态住宅小区。共有 600 幢住宅组成，分别由 17 位建筑师设计（图6-3-1~图6-3-4）。由于城市的发展必须同周围的绿化、水系和高低起伏的地势相结合，并且南北向的要求也是建筑设计的依据，所以该处的绝大多数住宅都采用了太阳能被动设计。同时

图 6-3-1　建筑外观 1

图 6-3-2　建筑外观 2

图 6-3-3　建筑外观 3

图 6-3-4　建筑外观 4

由于地块周围水系较为丰富，结合水系设置了雨水的收集系统，并通过对雨水的进一步过滤和净化实现再利用。并设置了排污系统。

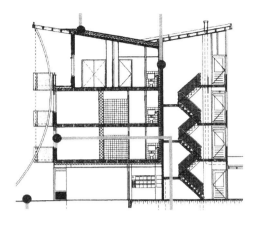

图 6-3-5　建筑空间布局

在 Oikos 的旁边是 Helios 住区，该住区的住宅一、二、三层均为居住空间而地面层为工作空间（图 6-3-5）。这些住宅不仅使用了主动和被动的太阳能设计，并且还设置了很多提高能源效率的装置。

经济指标：

在该项目中平均每户用于可持续设施的花费为 13000 荷兰盾，超出国家范例要求 3000 盾左右，主要花费如下：

· 悬垂屋顶 ·· 66323 荷兰盾

· 用三层玻璃代替 HR 玻璃 ······························ 51771 荷兰盾

· 附加屋顶隔热 ·· 21375 荷兰盾

每户月租金在 750~850 荷兰盾之间，包含服务费。以上金额均不含增值税。

性能指标（图 6-3-6）：

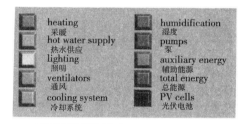

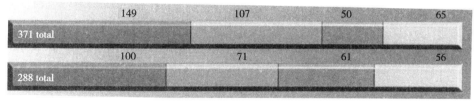

图 6-3-6　能源系统能效示意图

热阻：

· 楼板 ··· 3.3m²K/W

· 外墙 ··· 3.5m²K/W

（其中第三层为 ·· 4.5m²K/W ）

· 屋面 ··· 6.5m²K/W

气密性（QV;10）：

· 住宅 ·· 0.448dm³/s/m²

玻璃传热系数 ·· 0.7W/m²K

通风系统：自然送风，机械排风。

热水供应系统：

· 2 个小型的 25kW 的热动力系统

·3 个 HR107 锅炉（再加热和额外加热）

·88m² 的外墙集热器和 1000L 的缓冲容器

6.4 De Gelderse Blom 赫尔德斯的青春

该项目位于 Veenendaal，共包含 55 套廉租房和 46 套产权房（图 6-4-1~图 6-4-3）。由于地形的关系，绝大部分的住宅都是东西向的。但是通过进行特殊的屋顶交叉设计，这原本不利的朝向反而成了主动利用太阳能的便利（图 6-4-4）。太阳能集热器和光伏电池安装在坡度较陡的或是锯齿状的屋面上。在端头的住宅还将倾斜的屋顶一直延伸至地面，这样可以增加 25m² 的光伏电池板。该项目的设计人称："我们在这个设计中采用了标准的可持续发展的设计措施（图

图 6-4-1 建筑外观 1

图 6-4-2 建筑外观 2

图 6-4-3 太阳能发电路灯

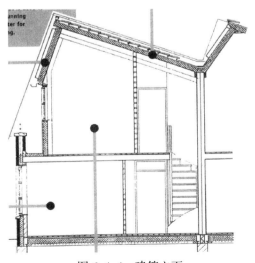

图 6-4-4 建筑立面

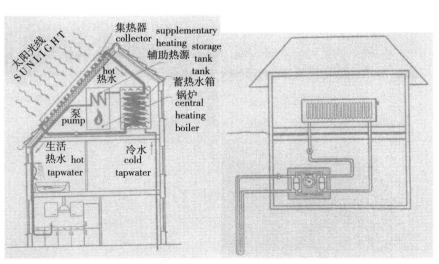

图 6-4-5 太阳能热利用系统图

6-4-5），并且在某些方面我们甚至引领了未来。"该项目还采用了下沉式设计，并且作为下沉式设计的可持续住宅示范工程而广受好评。

经济指标：

在该项目中平均每户用于可持续设施花费的为 7700 荷兰盾，额外的花费主要如下：

- 太阳能集热器 ·· 2900 荷兰盾
- 太阳能热泵系统 ··· 51771 荷兰盾
- 太阳能光伏电池 ··· 21375 荷兰盾

工程总造价为 15097042 荷兰盾，其中廉租房平均每户造价 106808 荷兰盾，产权房平均造价 107847 荷兰盾，太阳能动力的住宅平均造价为 163562 荷兰盾。廉租房平均月租 553 荷兰盾，产权房的售价为 148510~216936 荷兰盾不等。以上金额均不含增值税。

性能指标（图 6-4-6）：

热阻：

- 楼板 ·· 3.0m^{2}K/W
- 外墙 ·· 3.0m^{2}K/W
- 屋面 ·· 3.0m^{2}K/W

气密性（QV；10）：

- 住宅 ·· 1.43dm^3/s/m^2

玻璃传热系数 ·· 1.8W/m^{2}K

热水供应系统：

- 太阳能锅炉（95 户住宅）
- 光伏电池和 HR 锅炉（2 户住宅）
- 光伏电池和热泵（4 户住宅）

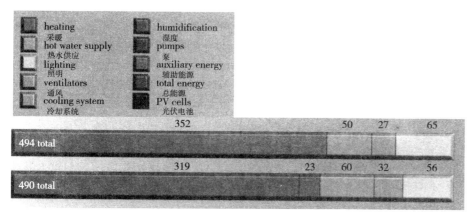

图 6-4-6　能源系统能效示意图

6.5　De Hoven van Axel 阿克塞尔庭院

该项目于 1998 年在 Betonwijk 作为社会公益住房项目而兴建。共包含 103 套廉租房和 47 套产权房（图 6-5-1~ 图 6-5-5）。其中廉租房共分为四种类型：36 套带中庭的公寓；42 套复合住宅；5 套为老年人和青年人提供的小户型以及其他住宅（图 6-5-6）。虽然 Betonwijk 的街道形式早已经确定了，但是这里的土地分

图 6-5-1　建筑外观 1

图 6-5-2　建筑外观 2

图 6-5-3　建筑外观 3

图 6-5-4　建筑外观 4

图 6-5-5　建筑外观 5

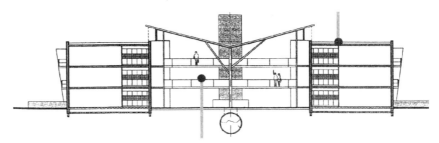

图 6-5-6　建筑外观 5

割却不是简单地按照普通社会公房低品质的划分方法来分割的。在地块的中央是带有灌木丛的林荫大道，各种不同的果树和柠檬树围绕在建筑周围。场地中还设置了小溪，不仅减轻了下水的负担，还补充了地下水。在这个社区中，水扮演着相当重要的角色：一方面可以净化后饮用；另一方面还通过雨水的收集实现中水的再利用。更重要的是，水还同装饰联系在一起。在住宅上设置了各种不同的怪兽滴水嘴，极大地丰富了建筑环境。此外，为了更好地达到节能的目的，该小区还设置了热泵等其他节能设备。

经济指标：

在该项目中平均每户用于可持续设施花费主要如下：

· 雨水收集冲厕系统 …………………………………………… 6248 荷兰盾

· 空气集热器加热系统 ………………………………………… 2678 荷兰盾

· 太阳能锅炉 …………………………………………………… 3213 荷兰盾

平均每户用于可持续设施的花费为 12741 荷兰盾，其中所有 103 套廉租房的平均造价为 187100 荷兰盾，平均月起租金为 726 荷兰盾。以上金额均不含增值税。

性能指标（图 6-5-7）：

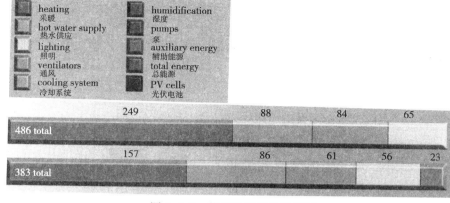

图 6-5-7 能源系统能效示意图

热阻：

· 楼板 ···3.5m²K/W
· 外墙 ···3.0-3.5m²K/W
· 屋面 ···2.5-3.5m²K/W

气密性（QV；10）：

· 住宅 ···0.250-0.845dm³/s/m²
· 玻璃传热系数 ··1.4W/m²K

通风系统：热回复平衡通风

热水供应系统：

· 高效太阳能锅炉
· 高效太阳能锅炉与空气加热

6.6 De Pelgromhof 派尔欧姆庭院

该项目位于 Zevenaar 的中心区，是一个大型的复合援助住宅项目（图 6-6-1~图 6-6-3）。基地的原址是一个牛奶工厂，而该项目的投资人之一希望通过这个项目可以完成他的心愿：帮助穷人和孤儿。该项目包含 169 套出租公寓和 46 套供看护使用的住宅，还有服务中心和地下车库（图 6-6-4）。目前出租公寓部分已经成为示范工程。不仅仅在可持续设计方面，该建筑在开放设计方面也堪称

图 6-6-1 建筑外观 1

图 6-6-2 建筑外观 2

典范（图 6-6-5）。每个楼层的住户都享有很高的自由度，游戏室、绿色的屋顶、淡紫色的图案，这一切给住户非常宜人的享受。据该大楼负责人称，在建造过程中采用可持续措施并不困难，"检验可持续建筑的有两点，一是气候，二是时间"。

经济指标：

在该项目中用于可持续设施的花费共计 f2020532，平均每户花费约 12000 荷兰盾，主要设施如下：

- 热泵（每户） ·· 203500 荷兰盾
- 植草屋面（每户） ·· 195000 荷兰盾
- 加热区域的高能效玻璃（每户） ···················· 132000 荷兰盾

工程的总造价约 ·· 25322888荷兰盾

性能指标（图 6-6-6）：

热阻：

- 楼板 ·· 3.1m^{2}K/W
- 外墙 ·· 2.9m^{2}K/W
- 屋面 ·· 3.5m^{2}K/W

气密性（QV；10） ·· 0.55dm^3/s/ m^2

玻璃传热系数 ·· 1.3-1.5W/m^{2}K

通风系统：自然送风，机械排风（通过热泵实现）

热水供应系统：独立热泵（图 6-6-7）

采暖系统：地板采暖

图 6-6-3　建筑外观 3

图 6-6-4　建筑剖面

图 6-6-5　建筑户型

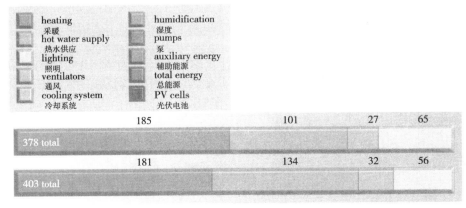

图 6-6-6　能源系统能效示意图

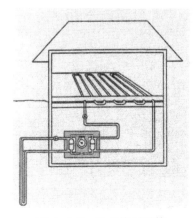

图 6-6-7　独立热泵系统

6.7　De Boerenstreek 农家园 / 布伦区

该项目位于 Soest，是一个混合社区，包括租赁用房和各个档次的自有住宅（图 6-7-1、6-7-2）。一些住宅是为奔波在外的人准备的，而另一些则备有车库。同样，住宅的平面和定位种类也相当多（图 6-7-3），一共包含 12 种不同的住宅类型。一期工程共有 248 套工程，已被列为示范工程。项目的目标之一是建设可持续

图 6-7-1　建筑外观 1

的、亲环境的住宅，另一个目标是住宅的质量和安全，城市规划的多功能和可适应性。经过深思熟虑，并没有把该项目定义为显著的可持续住区。项目负责人称："并不是所有的人都喜欢可持续建筑，通过和业主的交谈我发现有时过于接近环境恰恰成为他们不愿购买的原因。尽管如此，我们这个项目最大的特点在于宜人的环境和大量的可持续住宅可供选择。"

经济指标：

在该项目中平均每户用于可持续设施的花费共计 8700 荷兰盾，主要如下：

· 太阳能锅炉 ·· 3659 荷兰盾
· 门窗密闭安全的适应性 ······································ 1000 荷兰盾
· 排雨水系统 ··700 荷兰盾
· 高能效玻璃 ··670 荷兰盾

工程总造价约 30967000 荷兰盾，其中产权房的售价依不同类型从 156000 到 410000 荷兰盾不等。廉租房平均月租为 760 荷兰盾。

性能指标（图 6-7-4）：

热阻：

· 楼板 ···2.5m²K/W
· 外墙 ···2.5m²K/W
· 屋面 ···2.5m²K/W

图 6-7-2　建筑外观 2

图 6-7-3　建筑单体布置

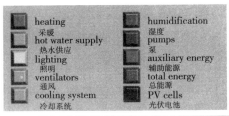

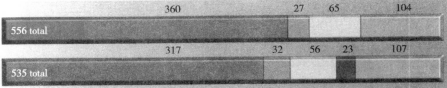

图 6-7-4　能源系统能效示意图

气密性（QV；10）································ 1.43dm^3/s/m^2

玻璃传热系数 ································· 1.4W/m^{2}K

通风系统：自然送风，机械排风。

热水供应系统：太阳能锅炉（100L），联合锅炉。

6.8　Ecosolar 生态太阳能 / 埃克索拉

该项目由 16 座住宅组成：4 座独立式和 12 座半独立式的（图 6-8-1~图 6-8-5）。前后者的差别仅仅在于屋顶：单坡的和连续的，这取决于他们的朝向。就像这项目的名字一样，这些住宅最大的特点是由生态技术和太阳能技术（包括主动的和被动的）组成的。通过良好的分割和优秀的设计，所有的住宅都做到了起居室向阳，独立式住宅可以获得更好的日照和通风（图 6-8-6）。所有住宅都设置了标准的太阳能灶。该项目的建成得益于业主的意愿，他们相信，可以不用负担多余的费用就可以获得更好的环境和居住质量。并且通过使用可持续技术，每户可以获得 6000 盾的政府津贴。"虽然可持续建筑在某些当地人眼中还是个新事物，但是在我眼里，这个项目，无疑是一个成功。"项目的设计人是这样说的，"越来越多的人依托政府津贴要启动后续项目，我们相信，不久可持续建筑就将作为未来的发展大计提上议事日程。"

经济指标：

在该项目中平均每户用于可持续设施的花费计 24600 荷兰盾，主要如下：

图 6-8-1　建筑外观 1

图 6-8-2　建筑外观 2

- 屋面和屋檐 …………………………………………… 5760 荷兰盾
- 联合式太阳能锅炉（图 6-8-7） ……………………… 4700 荷兰盾
- 乙丙橡胶屋顶遮蔽系统 ……………………………… 140 荷兰盾

　　工程总造价约 3724400 荷兰盾（不含土地价格），平均每套独立住宅造价
291500 荷兰盾，半独立式住宅造价为 214100 荷兰盾。每套住宅售价为 268723
到 393000 不等。以上金额均不含增值税。

　　性能指标（图 6-8-8）：

　　热阻：

- 楼板 ………………………………………………… $3.5m^2K/W$
- 外墙 ………………………………………………… $3.5m^2K/W$
- 屋面 ………………………………………………… $3.5m^2K/W$

　　气密性（QV；10） ………………………………… $1.50dm^3/s/m^2$

　　玻璃传热系数 …………………………………………… $1.3W/m^2K$

图 6-8-3　建筑外观 3

图 6-8-5　建筑外观 5

图 6-8-4　建筑外观 4

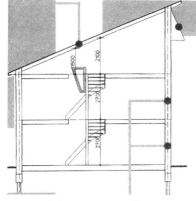

图 6-8-6　通风措施

图 6-8-7　太阳能锅炉设备

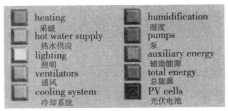

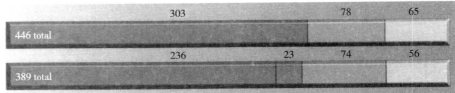

图 6-8-8　能源系统能效示意图

通风系统：自然通风

热水供应和采暖系统：联合式太阳能锅炉和墙体采暖

6.9　De Schooten 施欧腾

该项目位于 Den Helder 地区,于 1994 年由当地居民组织开发建成(图 6-9-1~图 6-9-3)。该方案由该地区的学校向外发展而来,在设计中,原来该地区的两所学校被合并成一所,大量散落的公共空地也被整合成一个大的城市公园(图 6-9-4)。在公园中,共建有 46 座独立住宅,每座都是积极的向阳朝向(图 6-9-5)。另外,由于该地区几乎被溪流和沟渠分割成城市中的岛屿,因此大部分的注意力集中在水资源的可持续利用上。建筑师称:"我们把房子建造在紧邻着溪流和沟渠有一个独特的好处,我们可以用它冲厕。"

图 6-9-1　建筑外观 1

图 6-9-2　建筑外观 2

图 6-9-3　建筑外观 3

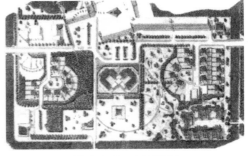

图 6-9-4　小区规划

经济指标：

在该项目中平均每户用于可持续设施的花费计 25200 荷兰盾（不包含增值税），主要如下：

- 太阳能集热器和锅炉（图 6-9-6）·······································3927 荷兰盾
- 辅助热水系统···1800 荷兰盾
- 悬挂屋顶···7571 荷兰盾
- 花园的挡风墙···7914 荷兰盾

住宅售价从 205213 到 285106 荷兰盾不等（不包含增值税）。工程总造价约 12081020 荷兰盾（不包含增值税）。

性能指标（图 6-9-7）：

热阻：

- 楼板···3.1m²K/W
- 外墙（石材）···3.8m²K/W
- 外墙（面板）···2.5m²K/W
- 坡屋面···3.5m²K/W
- 平屋面···2.7m²K/W

气密性（QV；10）···1.124dm³/s/ m²

玻璃传热系数···1.9W/m²K

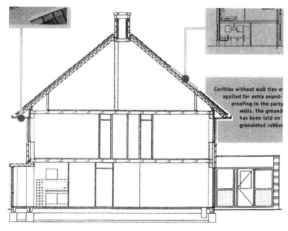

图 6-9-5　单体示意

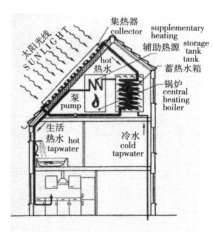

图 6-9-6　太阳能热利用示意

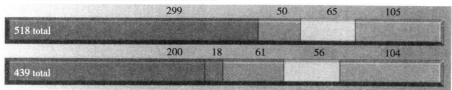

图 6-9-7　能源系统能效示意图

通风系统：热回收平衡通风

热水供应和采暖系统：

· 高效锅炉

· 太阳能锅炉

· 2.8m² 的太阳能集热器

6.10　Sijzenbaanplein 赛仁邦广场

在对 Sijzenbaanplein 地区进行规划时最主要的任务是：如何通过设计新的住宅来提高生活质量，同时又要注意对历史传统的保护和传承。规划是由一个锥形和一个矩形的组团组成。在密度较高的锥形中间被一个方形广场打破，并加入了小径和两个内庭院（图 6-10-1、6-10-2）。而在矩形组团里的住宅大都是梳形平面，这样更有利于利用太阳能。因为每户住宅服务的对象都不同，所以这些住宅在体量和形状上相差很大，但是有一点是一致的：每户都有一个温室，个别住宅甚至有两个温室。这些温室在室外环境和室内环境之间起到了较好的缓冲作用。在冬季可以获得额外的绝缘而夏季则更加开放。绝大部分的温室表面都是凸出于主体立面的，少些是平的，而另一些位于内侧拐角的住宅的表面则是内凹的（图 6-10-3~ 图 6-10-5）。大部分住宅由 4 个房间组成：一个

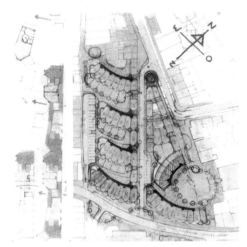

图 6-10-1　场地规划图 1

图 6-10-2　场地规划图 2

图 6-10-3　建筑外观 1

图 6-10-4　建筑外观 2

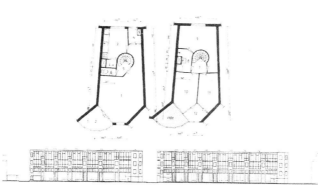

图 6-10-5　建筑外观 3　　　　　图 6-10-6　建筑平面与立面图

略呈锥形的厨房，北向的卧室和起居室以及 2 个南向的次卧室。在楼梯间的上空有圆形的屋顶灯。整个设计既对住宅品质有很大提升也富有格调（图 6-10-6）。无论是色彩的运用、立面的材质还是优雅的格调都独树一帜，而无数精美的细部处理也使得整个作品更加完美。

6.11　Waterkwartier Nieuwland 水区新地

　　该项目位于 Amersfoort 地区的 Nieuwland，建成于 1998 ～ 1999 年间，属于欧洲热能示范工程项目（图 6-11-1）。在这个项目中，很多住户，特别是在 Waterkwartier 地区的居民，都在建筑上装设了太阳能面板（图 6-11-2）。建筑师通过各种设计方法将太阳能和光伏技术整合到建筑上（图 6-11-3、6-11-4），这也造就了这一地区多姿多彩的建筑形式。建筑师将住宅设计为两层，每层 9 ～ 10 米见方（图 6-11-5、6-11-6）。客厅位于住宅中心，包含入口和楼梯间，居住区域呈 U 形环绕着客厅。住宅设有天窗，并且北向的天窗面积要大于南向的，这使得客厅可以获得更多的自然采光和太阳能供热。住宅的正面和背面本质上是一致的，而不同的朝向决定了不同的立面形式。南向的立面大多是宽大的玻璃，北向的立面往往是带有色彩的玻璃，并且镀有隔热膜，这使得整个建筑的外观看上去非常和谐，同时也达到了被动式太阳能设计的目的（图 6-11-7~ 图 6-11-11）。街道景观连续一致，通过木质的雨棚和金属的构架也加强了这种连续性。该项目总共在屋顶上安装了超过 755m² 的太阳能集热器，而雨棚和女儿墙又很好的把它们隐藏起来，从而不影响景观。

图 6-11-1　场地规划图　　　　　图 6-11-2　屋面集热器矩阵

图 6-11-3　光伏矩阵 1

图 6-11-4　光伏矩阵 2

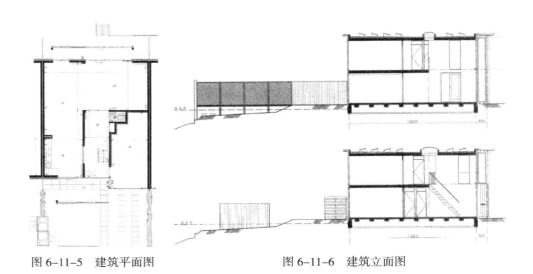

图 6-11-5　建筑平面图　　　　　　　　　图 6-11-6　建筑立面图

图 6-11-7　建筑外观 1

图 6-11-8　建筑外观 2

图 6-11-9　建筑外观 3

图 6-11-10　建筑外观 4

图 6-11-11　建筑外观 5

6.12　Van Hall Instituut 范豪学院

　　该项目位于荷兰 Groningen，立项于 1992 年，坐落在美丽的 Potmarge 河边，距车站步行 10 分钟路程。这是一所主要教授营养学、环境学和农业的学院（图 6-12-1、6-12-2）。Groningen 政府和 Agrarische Hogeschool Friesland 组织在立项之初为了能够更好地做到自然环保和节能的目标，将该项目的设计定位为"绿色学院"（图 6-12-3~ 图 6-12-5）。就地取材使用当地的木料作为承重构件，有效地节约了成本并达到节能的目的；设置屋顶绿化，改善湿度环境（图 6-12-6）；雨水冲厕，并对中水回收利用化为池塘的水体；设置太阳能吸收器保证热水的供应。

图 6-12-1　建筑外观 1

图 6-12-2　建筑外观 2

图 6-12-3　建筑室内 1

图 6-12-4　建筑室内 2

图 6-12-5　建筑室内 3

图 6-12-6　屋顶布置

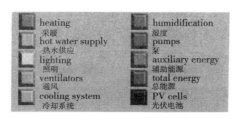

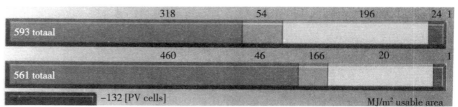

图 6-12-7　能源系统能效示意图

经济指标（图 6-12-7）：

整个工程用于可持续措施的造价约为 859000 荷兰盾，约占整个工程总造价的 1.6%，主要部分的造价如下：

· 植草屋面 ··· 120000 荷兰盾
· 热动力系统与缓冲容器 ····································· 110000 荷兰盾
· 太阳能集热器和太阳能锅炉 ······························· 70000 荷兰盾
· 生态厕所 ·· 40000 荷兰盾

以上金额均不含增值税。

6.13　Het Eco-kantoor 生态办公室

该项目位于 Bunnik 的 Regulierenring，具有以下显著的特点：三角形建筑平面，周围以植被覆盖；屋顶设置光伏电池和太阳能集热器（图 6-13-1~图 6-13-3）。该建筑可承担多种用途，其中包括首创的电子连接技术和 ORTA 工作室。在 1994 该项目设计之初，还没有针对公建的可持续建筑规范，而该项目无疑为如何设计可持续的公共建筑做了一个好的示范。该项目设计人表示，借鉴可持续的住宅的建筑规范，他们设置了足够的可持续

图 6-13-1　建筑外观 1

的设施。"这些都是相当稳妥的，虽然我们的目标很高，但是我们没有做任何冒险。"通过一些系统的以及独特的设施，与同规模的普通公建相比，该项目节省了一半以上的水和燃气，还有将近一半的电力资源。

另外值得关注的是该项目中采用了相当成熟的室内环境控制技术（图 6-13-4~图 6-13-7）：可移动墙体（可以自由地对办公空间的大小进行调节）（图 6-13-8）；没有空调（利用混凝土楼板和夜间的通风，冬季保证供暖，夏季还利用雨水的收集加大湿度）；照明智能化（通过对阳光回路的设计和感光器的设置达到几乎自然照明的目标）；雨水收集系统（不仅在从上至下的过程中起到保湿的作用，还可以用来冲厕）；气囊的设置（室外空气不是直接进入，而是经过气囊进行净化和加湿后再进入室内）。

经济指标：

在该项目中广泛的采用了多种可持续措施，通过造价一览，我们发现最主要的花费如下：

- 生态墙体 ………………………………………… 54000 荷兰盾
- 非 PVC 电缆 ……………………………………… 40000 荷兰盾
- 植草屋面 ………………………………………… 29000 荷兰盾
- 空气换气囊 ……………………………………… 12000 荷兰盾

工程总造价为 410 万荷兰盾（不含增值税和土地费用），平均每平方米造价为 2548 荷兰盾，其中可持续设施约占其中的 8%。

性能指标（图 6-13-9）：

热阻：

- 楼板 ………………………………………………… 3.6m²K/W
- 外墙 …………………………………………… 4.0–6.2m²K/W
- 屋面 ………………………………………………… 5.1m²K/W

图 6-13-2　建筑外观 2

图 6-13-3　建筑外观 3

图 6-13-4　建筑环境 1

图 6-13-5　建筑环境 2

图 6-13-6　建筑环境 3

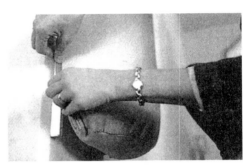

图 6-13-7　气囊设置

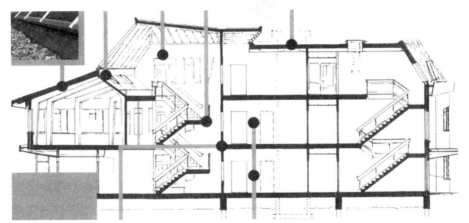

图 6-13-8　建筑立面

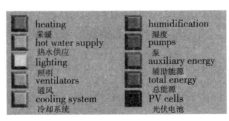

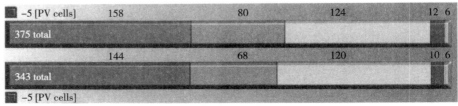

图 6-13-9　能源系统能效示意图

气密性（QV；10） ·· 0.250dm^3/s/m^2

玻璃传热系数 ·· <2.8W/m^{2}K（双层玻璃）

通风系统：

· 自然送风，机械排风（夏季）

· 热回收平衡通风（冬季，效率：70%）

· 通过气囊实现机械通风（冬季）

加热系统：

· 无氮氧化合物的高效太阳能锅炉

热水系统：

· 4m^2 的太阳能集热器和太阳能锅炉

6.14 Waterschap Vallei and Eem Leusden 水域谷 & 爱姆勒斯顿

该项目位于 Leusden 的商业中心区，同时也是水库的所在地。由两条长约 50 米、锥形翼状的办公楼组成（图 6-14-1、6-14-2）。不仅具有一般的商业建筑的功能，也担负着其他诸如会议等办公的需要。两翼的建筑朝向内侧具有一定坡度，拾阶而上可以达到中庭，那是整个建筑的中心。最初提出这个项目预案中提到该建筑的主旨是"人和环境的建筑"，随后一个专门从事可持续建筑设计的事务所接手了该项目，并且成功地用建筑语言和技术措施达成了这一目标。设计的主题是"水"、"能源"和"室内环境"，这一切是通过独特的外观和精巧的技术措施来完成的（图 6-14-3~ 图 6-14-9）。值得一提的是，该建筑

图 6-14-1 建筑外观 1

图 6-14-2 建筑外观 2

图 6-14-3 建筑室内 1

图 6-14-4 建筑室内 2

图 6-14-5 建筑室内 3

图 6-14-6 室内设备

| 图 6-14-7 屋顶布置 1 | 图 6-14-8 屋顶布置 2 |

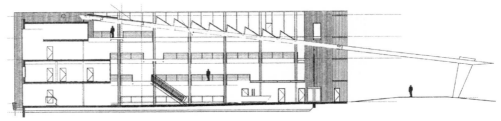

图 6-14-9 建筑立面

中开窗的面积相当小，而通风大部分是通过机械通风系统来完成的，并且在夏季，可以不用空调就取得舒适的室内环境。

经济指标：

在该项目中用于可持续设施的花费共计 661500 荷兰盾，约占总造价的 6.8%，平均每平方米约 138 荷兰盾，主要设施如下：

- 光伏电池 ⋯⋯⋯⋯⋯⋯⋯⋯⋯⋯⋯⋯⋯⋯⋯⋯⋯⋯⋯ 203500 荷兰盾
- 为"人和环境"采取的建筑设计 ⋯⋯⋯⋯⋯⋯⋯⋯⋯⋯⋯ 195000 荷兰盾
- 中水处理系统 ⋯⋯⋯⋯⋯⋯⋯⋯⋯⋯⋯⋯⋯⋯⋯⋯⋯ 132000 荷兰盾
- 日光传感器 ⋯⋯⋯⋯⋯⋯⋯⋯⋯⋯⋯⋯⋯⋯⋯⋯⋯⋯ 81000 荷兰盾
- 植草屋面 ⋯⋯⋯⋯⋯⋯⋯⋯⋯⋯⋯⋯⋯⋯⋯⋯⋯⋯⋯ 50000 荷兰盾
- 沼生植物带（中水系统的一部分）⋯⋯⋯⋯⋯⋯⋯⋯⋯⋯ 48000 荷兰盾

性能指标（图 6-14-10）：

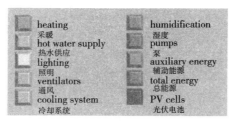

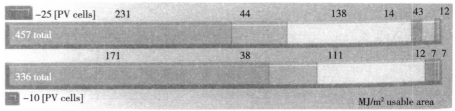

图 6-14-10 能源系统能效示意图

热阻：
- 楼板 ··· 3.2m²K/W
- 外墙 ··· 2.8m²K/W
- 屋面 ··· 3.5m²K/W

气密性（QV；10）·································· 0.240dm³/s/m²

玻璃传热系数 ····································· 1.4W/m²K

通风系统：自然送风（窗户上部的开口），机械排风（通过柱子和楼板之间的空隙）。

热水供应系统：12m² 的太阳能集热器和太阳能锅炉，3 个高效锅炉。

6.15 De Grift 格利福特

于 1992 年之后，办公楼的设计和建设曾一度停滞。位于 Apeldoorn 的办公楼改造项目完成（图 6-15-1~ 图 6-15-3）。改造最重要的目的是要创造更舒适的办公环境以及节省能源和材料。改造伊始，这座初建于 20 世纪 60 年代的大楼被拆除成只剩骨架：柱子、楼板和女儿墙。通过利用这些骨架改造所需要的材料可以降低为新建这座建筑的 1/4。原建筑上加盖了两层，并加建了 1 座 5 层的三角形裙楼。立面的改造将窗户的面积减少为原来的一半，并使用了釉瓷玻璃和特殊金属窗框，使得隔声隔热效果大大加强（图 6-15-4）。为了解决进深过大导致的日照不足问题，在窗户的上下沿都安装了铝质的反射板，使得室内能够在任何时候都有充分的

图 6-15-1 建筑外观 1

图 6-15-2 建筑外观 2（左）

图 6-15-3 建筑外观 3（右）

日照，并通过计算机模拟系统模拟自然采光（图6-15-5）。通过设置特殊的玻璃安装角度，可以有效的防止直射光和眩光，并且没有任何直接视野可以看见室内（图6-15-6、6-15-7）。另外，还设置了感光性调光器。通过这些，这座低能耗高效的建筑可以节能70%以上。

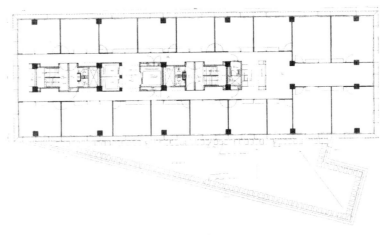

图 6-15-4　建筑平面

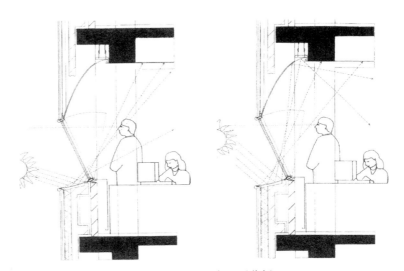

图 6-15-5　室内日照分析

图 6-15-6　建筑室内 1

图 6-15-7　建筑室内 2

6.16 Educatorium 教育堂

该项目于 1997 年底建成于 Utrecht 的 Uithof 大学内，是一座多功能教学楼（图 6-16-1~ 图 6-16-3 ）。共包含两个讲堂(可分别容纳 400~500 人)，3 个阶梯教室(可分别容纳 100、200、300 人)，还有大量的小教室、休息室和辅助用房 （共可容纳 950 人 ）。该建筑与校园已有建筑紧密相连，可以很方便地进出。在建筑师库哈斯和科勒贝特看来，教学楼应该是多种功能的复合体，为此他们将建筑分成相似的两部分并拉平，顶部边缘是一个正方形的盒子，4 个立面各具特点，跨度很大的屋面横跨了整个讲堂上空，这不仅是建筑师的个人兴趣，同时也符合可持续建筑的观点。更多的时候，建成的楼层提供的可能具有相当的针对性。该建筑在可持续性方面的主题体现在能源和室内环境上（图 6-16-4~ 图 6-16-7 ）。低温控制系统与校内的供热和电力系统相连，这可以保证不再需要独立的制冷系统。来自大都会事务所的科勒贝特对于符合环境要求的可持续建筑材料相当感兴趣，他称："可持续性是一个好的建筑自我验证的过程。"

图 6-16-1 建筑外观 1

图 6-16-2 建筑外观 2

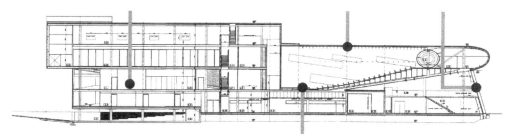

图 6-16-3 建筑立面

图 6-16-4 建筑室内 1

图 6-16-5 建筑室内 2

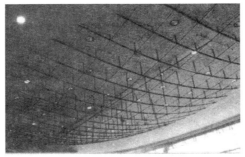

图 6-16-6　建筑室内 3　　　　　　　　　　　图 6-16-7　建筑室内 4

经济指标：

在该项目中用于可持续设施的主要花费如下：

· 植草屋面（讲堂）·· 200000 荷兰盾
· 地下自行车训练场地 ··· 300000 荷兰盾
· HF 照明系统··· 60000 荷兰盾

所有设施的造价约为 740000 荷兰盾，约占总造价的 3.1%（总造价约 24000000 荷兰盾），以上金额均不含增值税。

性能指标（图 6-16-8）：

热阻：

· 楼板 ··· 2.40–2.50m²K/W
· 外墙 ··· 2.27–2.80m²K/W
· 屋面 ··· 2.60m²K/W

气密性（QV;10）·· 0.280dm³/s/ m²

玻璃传热系数：

· 标准双层玻璃 ··· 2.5W/m²K
· HR 玻璃 ··· 1.7W/m²K

窗户传热系数：

· 标准双层玻璃 ··· 3.2W/m²K
· HR 玻璃 ··· 2.6W/m²K

通风系统：热回收平衡通风

采暖系统：

· 2 个带地下储存设备的能量装置

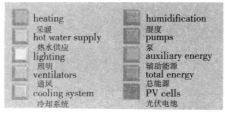

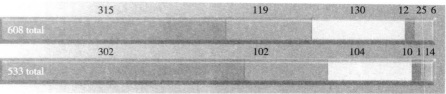

图 6-16-8　能源系统能效示
　　　　　意图

・讲堂和教室内的空气机加热系统

・地板采暖，辐射和对流热

热水供应系统：

・通过和学校中心动力系统联动的热水锅炉实现供给

6.17　Rijkswaterstaat 国家水利

该建筑位于 Terneuzen 西部（图 6-17-1~ 图 6-17-5），建筑面积 1800m²，共分为 6 个办公空间，另外还包含 1 个中庭，控制塔和控制室（图 6-17-6）。最重要的设计条件是要求提供舒适的办公空间，在众多的可持续技术中建筑师提出了对木材的再利用。在该单位存有大量的木材和鹅卵石，这些鹅卵石被用于构成建筑的外立面。值得注意的是，该建筑的内部框架（梁、柱、楼板）均由木材承

图 6-17-1　建筑外观 1

图 6-17-2　建筑外观 2

图 6-17-3　建筑外观 3

图 6-17-4　建筑外观 4

图 6-17-5　建筑外观 5

图 6-17-6　控制室

担（图 6-17-7）。建筑师皮埃尔是这样解释的："我们需要一座轻盈的建筑，这是我们选择木材最主要的原因。为什么选择这样裸露的结构而不是用传统的混凝土建材严实地包起来？从美学上说，这种原生的材料更容易让人产生亲近感。我们不需要把顶棚和构架遮蔽起来，这样还能够节省材料。"

经济指标：

在该项目中用于可持续设施的主要花费如下：

- · 光伏面板 ·· 190000 荷兰盾
- · 木框架结构和绝缘材料 ···································· 170000 荷兰盾
- · 热泵 ·· 110000 荷兰盾
- · 污水过滤系统（包括缓冲容器和泵）····················· 81000 荷兰盾

所有用于可持续设施的花费总额约为 600000 荷兰盾，占总造价的 1/10。以上金额均不含增值税。

性能指标（图 6-17-8）：

热阻：

- · 楼板 ·· 3.5m^{2}K/W
- · 外墙 ·· 3.5m^{2}K/W
- · 屋面 ·· 4.0m^{2}K/W

气密性（QV；10）··· 0.206dm^3/s/m^2

玻璃传热系数 ·· 1.1W/m^{2}K

窗户传热系数 ·· 1.6W/m^{2}K

通风系统：自然送风（通过外墙上电气设施实现），通过烟囱实现自然排风。

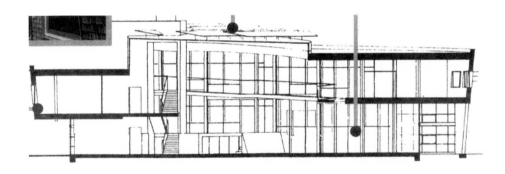

图 6-17-7　建筑立面

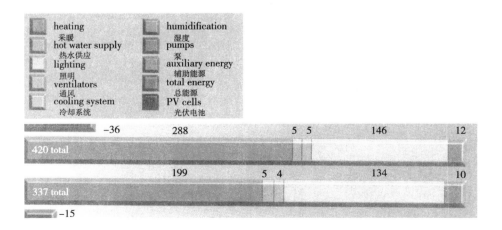

图 6-17-8　能源系统能效示
　　　　　　 意图

采暖系统：
- 热泵（水源来自于运河）
- 室内的墙体和地板采暖，中庭的地板采暖

热水供应系统：太阳能锅炉

电力供应：中庭屋面上安装了 $54m^2$ 的光伏电池

6.18　Alterrra 奥特拉

这座为森林和自然研究机构设计的科研办公用楼非常符合这个机构提出的主旨：设计出结合环境的建筑并营造亲人环境。为此建筑师的出发点是尽可能少的使用机械技术措施。"E"形平面包括北翼长向的实验室和 3 条短翼的办公楼（图 6-18-1~图 6-18-3），在这 3 座办公楼之间是 2 个南向的室内花园。这些花园不仅起到了调节室内微气候的作用，还有更好的社交作用，它们提供了一个模糊空间，在此内可以获得很好的亲人环境（图 6-18-4~图 6-18-7）。室内花园是外部

图 6-18-1　建筑外观

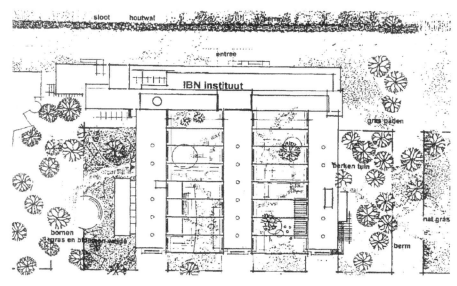

图 6-18-2　平面布置

图 6-18-3　建筑外观（左）

图 6-18-4　建筑室内 1（右）

图 6-18-5　建筑室内 2　　　　　　　　　图 6-18-6　建筑室内 3

图 6-18-7　建筑室内 4　　　　　　　　　图 6-18-8　屋顶自然采光

环境和办公环境的缓冲，冬季空气可以在此预热并与室内交换，植物提供了良好的外观；而在夏季可以借由蒸发带走热量，实现自然通风，并通过遮阳系统和反射玻璃可以防止过热。整个建筑的热容很大，可以有效的防止早晚气温急剧变化对室内的影响。通过扇形窗和光轴可以实现自然采光（图 6-18-8）。

6.19　Weerselostraat 威尔斯楼街

　　Weerselostraat 示范工程位于战后修建的 Morgenstord 地区，离海牙的 Zuiderpark 不远，共有 74 座住宅，每座一户，房主自住（图 6-19-1）。
　　拆除了若干街区上建于上世纪 50 年代的公寓后，这块地空了出来。在再开发的过程中，人们决定保留原有的街道格局，独特的平面布局及横截面是这些

图 6-19-1　建筑外观

住宅最突出的特点。这些住宅在花园一侧均为一处两层的住所，高大的窗户令屋内洒满自然光，使被动太阳能利用成为可能。这些住宅的另一大特色在于进深。在隔着街道与其他房子相邻的一面，这些建筑的庇檐构成了一面高墙。这些住宅由 IBC 与 Muwi 联合项目组于 1997 年 5 月至 1998 年 3 月间建造完成。

这些住宅在建造过程中采用了一系列环保措施，均衡考虑了能耗、室内环境、原材料和废物等问题。虽然这些措施中并没有实验性特别强的，但基于热泵的中央供暖与热水系统仍是一个不同寻常的地方。以"打造节能、舒适、成本效益高、易于拆除、创新且负担得起的住宅"为宗旨，这个项目吸引了众多的关注。这个示范工程仅仅用了一个小广告就吸引了 1300 多个回复。

这里的住宅分布在 5 个街区，这些住宅可分为两种类型：第一类是联排住宅，即 A 类住宅，共 64 座；第二类为 B 类住宅，共 10 座。B 类住宅的一面与其他住宅相连，另外三面毗邻开放的空间。这 5 个街区自东北向西南排开，格局对称，其中 3 个街区的花园朝向东南，2 个街区的花园朝向西北。独特的平面布局及剖面设计是这些住宅最突出的特点（图 6-19-2）加深的挑檐起到了外窗遮阳的功效（图 6-19-3、6-19-4）。住宅采暖系统为低温地板辐射采暖（图 6-19-5），有效改善了室内热舒适度。

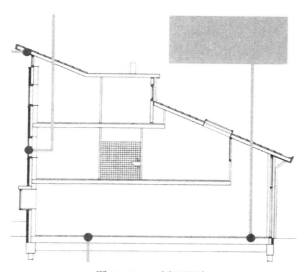

图 6-19-2　剖面设计

图 6-19-3　窗户形式

图 6-19-4　外窗挑檐

图 6-19-5　低温地板辐射采暖

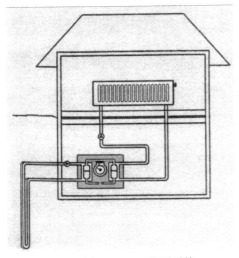

图 6-19-6　热泵系统

热源由中央热力站热泵机组提供（图 6-19-6），分为 2 个循环系统系统：一是采暖系统，二是生活热水系统。供热温度可根据室外温度变化作出调整，而供热负荷加大时，管网压力可随之增加。

经济指标：

可持续建筑的平均额外成本为每栋住宅 7535 荷兰盾。这些额外成本的产生是由于采用了众多可持续建筑措施。其中最重要的 3 个措施为：

- 加深屋檐 ⋯⋯⋯⋯⋯⋯⋯⋯⋯⋯⋯⋯⋯⋯⋯⋯　2732 荷兰盾
- 在所有采暖区安装高性能保温透明围护结构　　688 荷兰盾
- 低温系统 ⋯⋯⋯⋯⋯⋯⋯⋯⋯⋯⋯⋯⋯⋯⋯　357 荷兰盾

项目竣工时的房价为 280000 荷兰盾。

热工性能

热阻

- 地面 ⋯⋯⋯⋯⋯⋯⋯⋯⋯⋯⋯⋯⋯⋯⋯　$3.5 m^2 K/W$
- 外墙 ⋯⋯⋯⋯⋯⋯⋯⋯⋯⋯⋯⋯⋯⋯⋯　$3.0 m^2 K/W$
- 屋顶 ⋯⋯⋯⋯⋯⋯⋯⋯⋯⋯⋯⋯⋯⋯⋯　$3.5 m^2 K/W$

气密性（QV；10）⋯⋯⋯⋯⋯⋯⋯⋯⋯⋯⋯⋯　$0.81 dm^3/s/m^2$

透明围护结构的传热系数 ⋯⋯⋯⋯⋯⋯⋯⋯　$1.11-1.80 W/m^2 K$

通风系统：通过外墙格栅进行自然通风，机械通风

热水供应与采暖：中央热泵、低温地板采暖、加大型散热器。低温地板采暖系统，为使用低品味替代能源作为热源提供了有利条件。

国家计划

国家计划中措施的应用情况：

硬性规定：满足度 82%

自选措施：满足度 93%

能效见图 6-19-7

（A 类住宅）

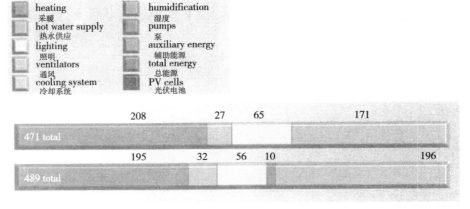

图 6-19-7　能源系统能效示意图

参考文献

1. Novem. Sustainable Building–Framworks for the Future. Rotterdam: Goos, Oudeerkerk a/d IJssel, 2000; ISBN 90–5239–169–6

2. Ecofys, Novem. Energiezuinig bouwen met zonnebolers. Eerste druk:, 2000; ISBN 90–74432–72–7

3. Novem. Sun and Architecture. Utrecht: Novem bv, 2000; zZNTh00.08

4. Novem. De Zon in stedenbouw en architectuur. Utrecht: Novem bv, 2000; DV1.1.136

5. Novem. Solar DHW Systems in the Netherlands. Hague: Novem bv, 2000; ISBN: 90–75780–05–2

6. Novem. De Brandaris, Patrimonium, PR/1–feb.' 98

7. Dutch experts. Dutch contribution to the proceedings of SB2004 Shanghai, 2004

8. Energy Research Institute, National Development & Reform Commission and China National Engineering Research Center for Human Settlements. Sustainable Building Development in China: Questions and Solutions (Project number: PEI07026). Beijing, 2008

9. 中国大百科全书出版社《简明不列颠百科全书》编辑部. 简明不列颠百科全书. 北京：中国大百科全书出版社. 1986

附录
中荷可持续建筑合作大事记

1. 2003年1月，荷兰能源环境总署与中国可持续发展研究会人居环境专业委员会，在北京合作召开首次"中荷可持续建筑研讨会"；

2. 2003年12月，中荷在北京和云南召开两次"中荷可持续建筑研讨会"；

3. 2004年2月，中国建设部与荷兰住房、空间规划与环境部签署了谅解备忘录，两部共同策划了中荷可持续建筑合作项目；

4. 2004年8月至2008年3月，国家住宅与居住环境工程技术研究中心、中国可持续发展研究会人居环境专业委员会完成中外可持续建筑系列丛书《荷兰可持续建筑实例（1990~1999）》的译著工作；

5. 2004年10月，荷兰参加在上海举办的"2004国际可持续建筑中国区会议"，并提交了中英文论文集《荷兰专家在可持续建筑发展中的贡献》；

6. 2005年3月，中荷可持续建筑合作项目启动，在中国建设3个住宅建筑、2个公共建筑和1个绿色校园示范项目。项目通过引入荷兰可持续建筑实用的、系统的理论、技术、经验，在项目管理、示范工程、能力建设、信息扩散、产业方面进行合作；

7. 2006年6月~2007年5月，国家住宅与居住环境工程技术研究中心与荷兰Ecofys 咨询公司共同承担完成REEEP基金项目"促进中国低能耗建筑的发展研究（Promoting Low Energy Building Program in China）"；

8. 2007年7月，"中荷建筑能效研讨会"在北京召开，由北京建工集团、北京市建筑工程研究院和荷兰国家科学研究院共同投资的北京建筑技术发展有限责任公司宣告成立；

9. 2007年12月，荷兰SENTERNOVEM委托中国发改委能源所和国家住宅与居住环境工程技术研究中心完成"可持续建筑发展在中国：问题与对策"的咨询报告；

10. 2009年9月，《荷兰可持续建筑实例（1990~1999）》主要译著者何建清、王岩、焦燕访问荷兰可持续发展创新局、埃因霍温理工大学和代尔夫特理工大学，参观早期和近期的荷兰可持续建筑最佳范例。荷兰可持续发展创新局华丽女士、Gerrit Jan Hoogland先生，荷兰驻华大使馆Albert van Pabst先生，荷兰可持续建筑专家Tjerk Reijenga先生，共同为此次出访提供了支持和帮助；

11. 2010年7月，《荷兰可持续建筑实例（1990~1999）》由中国建筑工业出版社出版。

后　记

早在 2002 年 12 月，中国可持续发展研究会人居环境专业委员会，联合荷兰能源与环境署（Novem），共同在北京举办了首次"中荷可持续建筑专家研讨会"，研讨会得到了荷兰王国驻华大使馆经济商务处的大力支持。

自此，中荷双方开始探讨在可持续建筑领域的合作，包括双方机构和专家的交流、研讨和互访活动等。中国可持续发展研究会人居环境专业委员会先后参与了 2003 年北京"中荷可持续建筑研讨会"、2004 年上海"国际可持续建筑发展会议"、2005 年"中荷合作可持续建筑（北京）示范项目启动会议"、2006 年北京"中荷贸易洽谈会"等多项有关可持续建筑的重要活动，2008 年与国家发改委能源所共同完成了荷兰可持续发展创新局（SenterNovem）委托的"中国可持续建筑发展：问题与对策"咨询项目。

2004 年，应中外可持续建筑实例丛书总策划、中国建筑学会建筑技术专业委员会主任陈衍庆教授的邀请，笔者开始着手邀请中荷双方的建筑专家，组建分册顾问组，组织人员进入本书的撰写工作。

然而，本书的撰写工作进展得异常艰难。

首先，与国内实例和文献资料的收集相比，国外实例和文献资料的收集，是一项艰苦的工作。而从实例和文献中，优选出适于我国的、可借鉴的优秀实例，并整理出技术资料，更是一项具有挑战性的工作。在此，特别感谢荷兰能源与环境总署的高级顾问 Li Hua（华丽）女士和 Lex Bosselaar 先生，他们共同为本书提供了大量的案例资料和技术资料。

其次，所收集和掌握的荷兰可持续建筑文献，全部是外文文献，其中近 1/3 的重要参考内容是用荷兰文写成的，而荷兰文在我国属于小语种，高水平的专业技术翻译一时难求。作者先是请到外交部欧洲司的崔忠源参赞协助进行翻译，不幸的是，先生因病去世，生前，他将这份翻译工作交由夫人托付给同事陈小明参赞译出，使得这份技术资料能够和中国读者见面。在此特别感谢两位先生对本书所作的重要贡献，特别是表达对崔先生的怀念。

再者，由于写作只能利用业余时间完成，笔者因此几度欲中止、放弃本书的撰写计划。在此，感谢丛书总策划陈衍庆教授的鼓励和敦促，感谢中国可持续发展研究会人居环境专业委员会主任委员刘燕辉先生的大力支持，使本书的撰写得以持续并最终成稿。

特别值得一提的是，荷兰王国大使馆经济商务处二等秘书 Huub von Frijtag Drabbe 先生、Albert van Pabst 先生在华期间，积极提供各种机会，使本书译著者能够广泛参与荷兰在华的各种商贸活动，了解荷兰在可持续发展方面所做的努力。荷兰王国驻华大使馆经济商务处的商务助理徐京晶女士，自始至终关注着本书的撰写工作，并为笔者参加中荷可持续建筑文化交流、商贸交流和技术交流提供了诸多信息。荷兰王国驻华大使馆新闻文化处的初静女士及其同事，协助翻译了多处荷兰文的地名，使得书中提及的有关地点不致因译文产生歧义。荷兰王国驻华大使裴靖康先生，则为本书撰写了序言。

中国可持续发展研究会人居环境专业委员会的执行管理机构——国家住宅与

居住环境工程技术研究中心，自1994年成立以来，多年致力于中国人居环境的可持续发展工作，特别是可持续住区和可持续建筑的理论探索、工程实践和能力建设工作，是本书撰写最终得以成稿的强大后盾。

另外，由中荷双方专家共同组成的顾问组，也为本书的撰写工作给予了大力支持，并对本书的内容提出了宝贵意见，在此表示衷心的感谢。

另外还要感谢的是，本书全体译著者的辛苦工作。正是由于大家的共同努力，使本书较为完整地反映了荷兰可持续建筑的阶段性发展全貌。

国内可持续建筑的理论研究，已有专论和著作出版。国内可持续建筑的工程实践，随着《中华人民共和国可再生能源法》等法规的颁布实施，国家建筑节能、绿色建筑评价等标准规范的严格执行，已在全国不同建筑气候区的城乡建设中逐步展开。将国外可持续建筑发展的经验、优秀的技术和产品，介绍给国内同行和读者，既是本书译著者，也是丛书出版机构中国建筑工业出版社的美好愿望。

本书撰写和整理的是20世纪最后10年中，荷兰可持续建筑发展和实践的重要实录和信息。其中，序由王岩、何建清翻译；第1章由何建清译著；第2章由何建清、常静译著；第3章由何建清、陈小明译著；第4章由王岩、何建清译著；第5章由焦燕、何建清译著；第6章由何建清、郑军、常静译著；附录由何建清整理。全书图文由何建清、王岩、焦燕进行最后整理并定稿。

相信到21世纪第一个10年结束时，荷兰还会有更多、更优秀的可持续建筑实例和技术产品出现。届时，如能有幸将这些信息，通过归纳翻译整理，再次及时传达给国内的同行和读者，实属笔者和全体译著者的莫大荣耀。

由于笔者的专业水平和撰写水平有限，书中难免出现这样或那样的失误，敬请国内的广大读者和同行，及时给予批评指正，以便在今后的工作中加以改进。

谨以此书作为架构中荷可持续建筑思想、实践和经验交流的一座桥梁，期冀对未来中荷可持续建筑的共同发展和进步做出贡献。

何建清
2008年6月于北京